Eduard Strasburger

Histologische Beiträge

Band 2

Eduard Strasburger

Histologische Beiträge
Band 2

ISBN/EAN: 9783743323179

Hergestellt in Europa, USA, Kanada, Australien, Japan

Cover: Foto ©berggeist007 / pixelio.de

Manufactured and distributed by brebook publishing software
(www.brebook.com)

Eduard Strasburger

Histologische Beiträge

Histologische Beiträge

von

Eduard Strasburger,

o. ö. Professor der Botanik an der Universität Bonn.

Heft II.

Ueber das Wachsthum vegetabilischer Zellhäute.

Mit vier lithographischen Tafeln.

• ••• •

Jena,

Verlag von Gustav Fischer.

1889.

Ueber das Wachsthum

vegetabilischer Zellhäute.

Von

Eduard Strasburger,

o. ö. Professor der Botanik an der Universität Bonn.

Mit vier lithographischen Tafeln.

Jena,

Verlag von Gustav Fischer.

1889.

Vorwort.

ndem ich diese Arbeit dem Andenken Leitgeb's widme, begehe ich einen Act der Pietät gegen einen Freund, den ein schweres Verhängniss frühzeitig ins Grab hinabstiess.

Ich will hiermit zugleich das Andenken des edlen und hoch verdienten Forschers ehren und finde Veranlassung, dies im Besonderen mit dieser Schrift zu thun, weil dieselbe ein Gebiet behandelt, auf welchem Leitgeb selbst längere Zeit thätig war. Noch in den letzten Jahren seines Lebens hat er wiederholt seine Gedanken über Membranwachsthum brieflich mit mir ausgetauscht und öfters hervorgehoben, wie sehr er auf die Ergebnisse meiner diesbezüglichen Untersuchungen gespannt sei. Ueber jeden Eigennutz erhaben, nur die Förderung unserer Erkenntniss im Auge behaltend, stellte er mir alles Material zur Verfügung, das für seine eigenen Untersuchungen gedient hatte. Unsere Anschauungen über Membranwachsthum gingen von vornherein etwas auseinander, was eine objective Discussion des Problems aber niemals gestört hatte; ja gerade die Verschiedenheit des Standpunktes liess es Leitgeb wünschenswerth erscheinen, dass ich seine Angaben nachprüfte. Seine eigenen über den Bau und die Ent-

— VIII —

wicklung der Sporenhäute angestellten Untersuchungen hatten ihn übrigens nie voll befriedigt; er klagte darüber, wie wenig diesem widerspenstigen Material durch directe Beobachtung abzugewinnen sei. Auch ich darf heut nicht sagen, dass ich selbstzufrieden die vorliegende Arbeit aus der Hand lege. Denn sie bringt nur wenig Lösungen, vor allem neue Probleme. Immerhin hoffe ich, dass sie nach gewissen Seiten hin anregend wirken, neue Fragestellungen veranlassen wird und dann hat sie auch ihren Zweck erreicht. So glaubte ich immerhin, diese Arbeit nicht unveröffentlicht lassen zu müssen.

Inhaltsübersicht.

Einleitung.

Es kann wohl heute als nachgewiesen gelten, dass bei
der Theilung pflanzlicher Zellen die neu auftretende Scheidewand nicht ausgeschieden wird, vielmehr durch Umwandlung aus der Zellplatte, einem cytoplasmatischen Gebilde, hervorgeht.[1] Derselbe Nachweis für die Entstehung der Verdickungsschichten der Zellmembran aus Cytoplasmalamellen,
ist im Anschluss an ältere Publicationen[2], neuerdings mit
grosser Bestimmtheit von Noll für Bryopsis und Derbesia
geführt worden.[3] Andererseits haben Klebs[4] und Noll[5]
experimentelle Beweise dafür erbracht, dass der lamellöse
Bau der Zellmembranen durch Apposition neuer Membranlamellen und nicht durch innere Differenzirung bedingt werde.

Aus alledem folgt somit bereits, dass neue Membranen
nicht aus Lösungen ausgeschieden werden, und dass die Ver-

---

1) Vgl. besonders meine letzte Publication: Ueber Kern- und
Zelltheilung im Pflanzenreiche, nebst einem Anhang über Befruchtung.
Jena 1888, p. 171 ff.

2) Namentlich von Pringsheim, Cröger, Schmitz und mir.

3) Experimentelle Untersuchungen über das Wachsthum der
Zellmembran. Abhandl. d. deutschen naturf. Gesell. Bd. XV, p. 140.

4) Ueber die Organisation der Gallerte bei einigen Algen und
Flagellaten. Untersuchungen aus dem bot. Inst. in Tübingen. Bd. II.
p. 371 ff.

5) l. c.

mehrung der Schichten einer Membran nicht auf Spaltung
der schon vorhandenen beruht. Diese Gesichtspunkte können
jetzt als annähernd allgemein adoptirt gelten, nachdem
auch G. Krabbe[1]) dieselben als zutreffend anerkannt hat.
Wird aber die Schichtenbildung nicht als nachträglicher
Differenzirungsvorgang innerhalb schon vorhandener Schichten angesehen, so fällt auch die gleichzeitig behauptete Ab-
wechselung wasserärmerer und wasserreicherer Schichten in
den Membranen, eine Behauptung, die in Wirklichkeit auch
niemals den vorhandenen Thatsachen entsprochen hat. Ebenso
konnte G. Krabbe[2]) die schon von Schacht[3]), dann besonders von Dippel[4]) und von mir[5]) vertretene Ansicht
nur bestätigen, dass, wo zwei Streifensysteme in einer Zellmembran vertreten sind, dieselben verschiedenen Schichten
angehören, dass somit eine Kreuzung in derselben Schicht
niemals stattfinde. Damit ist eine weitere Behauptung, die
im Sinne des Intussusceptionswachsthums verwendet wurde,
definitiv gefallen.

Als offen kann hingegen noch die Frage gelten, ob die
durch Umwandlung einer Cytoplasmaschicht entstandenen
Membranlamellen nicht nachträglich noch wachsen und
Structurveränderungen erfahren können. Sollte dies möglich sein, so entstünde die weitere Frage, ob dieses Wachsthum durch Intussusception im Naegeli'schen Sinne erfolge,
oder etwa auf einem anderen Wege, der näher an die sonst
bei Membranbildung beobachteten Erscheinungen anschliesst.

---

1) Ein Beitrag zur Kenntniss der Structur und des Wachsthums vegetabischer Zellhäute. Jahrb. f. wiss. Bot. Bd. XVIII, 1887,
p. 346.
2) l. c. p. 350,
3) Beiträge zur Anatomie und Physiologie der Gewächse. 1854.
p. 228.
4) Abh. d. Senckenb. Gesell. Bd. XI. 1879. p. 154.
5) Zellhäute p. 64 ff.

In diesem Sinne habe ich mir die Aufgabe gestellt, die in diesen Zeilen behandelt werden soll, in diesem Sinne bitte ich auch die hier vorliegende Arbeit zu beurtheilen. Wie ich hoffe soll dieselbe zur weiteren Klärung der Fragen nach den schwierigen Verhältnissen des Membranwachsthums beitragen, während ich mir wohl bewusst bleibe, dass eine definitive Lösung des obwaltenden Problems noch in weiter Ferne liegt.

Sporenhäute der Hydropterideen.

Meine Erwartung[1]), dass die Entwicklungsgeschichte der
Massulae und Glochiden, so wie der Makrosporen-Perine bei
Azolla wichtige Ergebnisse für die Erkenntniss des Membranwachsthums liefern würde, fand ich nur bestätigt; ja
die Tragweite der an diesen Objecten gewonnenen Resultate
veranlasst mich, dieselben an die Spitze meiner Untersuchungen zu stellen. Der Umstand, dass viele der in Betracht kommenden Erscheinungen hier leichter als an andern
Orten klar zu legen sind, lässt weiter diese Objecte als berufen erscheinen, Licht über ganze Reihen analoger Vorgänge zu verbreiten. Namentlich ist es das Wachsthum
der Sporen- und Zellenhäute, dessen Verständniss durch das
Studium der Azolla wesentlich gefördert wird. Manche der
auf diesem Gebiete zwischen meinen älteren Angaben und
denjenigen neuerer Beobachter vorhandenen Widersprüche
dürften durch die hier gegebene Schilderung ihre Lösung
finden.

Das Material für die Untersuchung danke ich der Güte
der Herren Guignard und Leclerc du Sablon. Der Um-

---

1) Ueber den Bau und das Wachsthum der Zellhäute. 1882
p. 135.

— 5 —

stand, dass Herr E. Roze schon 1883 über die Fructifizirung
der Azollen in Bordeaux berichtet hatte [1], veranlasste mich,
diesbezügliche Erkundigungen bei Herrn Guignard einzu-
holen. Derselbe verfügte über Alcohol-Material und stellte
mir dasselbe bereitwilligst zur Verfügung. Herr Leclerc
du Sablon war weiterhin so freundlich, mir wiederholt
lebende, fructifizirende Pflanzen zu senden. Alle diese Pflanzen
gehörten der Azolla filiculoides an. Im Laufe dieses Jahres
traten dann übrigens auch die in den botanischen Gärten von
Bonn, Jena und Marburg cultivirten Azollen in die Frucht-
bildung ein.

Bevor wir auf entwicklungsgeschichtliche Schilderungen
eingehen, muss zunächst daran erinnert werden, dass die
Mikrosporangien von Azolla filiculoides fünf bis acht, meist
sechs Massulae führen.[2] Die Massulae (Taf. I, Fig. 15)
treten auseinander, wenn man die Sporangien öffnet, weil die
Glochiden, welche der Oberfläche dieser Massulae aufsitzen,
bestrebt sind, sich aufzurichten. Die Massulae zeigen schaumige Structur. Sie werden aus polygonalen, auch mehr oder
weniger abgerundeten, sehr verschieden grossen Kammern
gebildet. Ihrer Oberfläche entspringen die so eigenthümlich gebauten Glochiden (Taf. I, Fig. 12). Bandförmig abgeflacht, nach den beiden Enden zu sich verjüngend, schliessen
sie mit einem ankerförmigen Köpfchen ab. Die Arme des
Ankers sind an den Rändern membranartig mit dem Stiele
verbunden, so dass es vielleicht zutreffender wäre, das Köpfchen mit einem Hutpilze zu vergleichen, der seinen Hut nur
nach zwei Seiten entwickelt hätte. Die Ränder dieses Hutes
sind zugleich etwas eingerollt zu denken. Solcher Bau liefert
Bilder wie unsere Figuren 13 und 14. In Fig. 13a und b,

1) Contribution á l'étude de la fécondation chez les Azolla.
Bull. d. l. soc. bot. de France, T. XXX 1883. p. 199.
2) Strasburger, Ueber Azolla, 1873, p. 57.

und in Fig. 14a ist das Köpfen von der breiten, in Fig. 14b
von der schmalen Seite gezeichnet. Von dieser letzten Seite
präsentirt es sich als ein compactes, etwas keulenförmig an-
geschwollenes Gebilde. In der Substanz der beiden Hut-
hälften ist ein spaltenförmiger Hohlraum zu sehen (Fig. 13);
im Uebrigen erscheint das Köpfchen solid. Der bandförmige
Körper der Glochide ist hohl, die Wände der beiden Seiten-
flächen aber fast bis zur Berührung einander genähert.
Quellungsmittel, wie Schwefelsäure, lassen über das stäte
Vorhandensein der Höhlung keinen Zweifel übrig. Etwas
unterhalb der Stelle, wo die solide Substanz des Köpfchens
beginnt, befindet sich eine Scheidewand (Fig. 13a); ausnahmsweise kann auch eine zweite etwas tiefer folgen (Fig. 13b).
An ihrem unteren Ende mit dem sie der Massula auf-
sitzt, so wie an ihrem oberen Ende, ist die Glochide solid
(Fig. 12).

Die Kammern reifer, trockner Massulae findet man mit
Luft erfüllt; diese dringt auch bald ein, wenn man reife,
aus den Sporangien befreite Massulae auf dem Objectträger
trocknen lässt.

Die Substanz der Massulae und der Glochiden steht,
ihren Reactionen nach, der Substanz der Pollen- und Sporenhäute sehr nah. Chlorzinkjodlösung färbt dieselbe braungelb,
am stärksten die Kammerwände der Massulae, am schwächsten
die Seitenwände der Glochiden. Eine Violettfärbung mit
Chlorzinkjodlösung tritt auch nach langandauernder Behandlung mit Eau de Javelle nicht ein. In concentrirter Schwefelsäure quellen die Glochiden und geben Bilder, wie ich sie
in Figura 14 dargestellt habe; die Kammerwände werden bei
dieser Behandlung zunächst nur wenig verändert und widerstehen lange. Zugleich tritt Gelbfärbung derselben ein. In
Chromsäure erfolgt alsbaldige Lösung der ganzen Gebilde
ohne vorausgehende Quellung. Noch raschere Lösung, mit

Quellung der Glochiden, ist in Chromschwefelsäure zu beobachten. In Kalilauge werden die Kammerwände intensiv braungelb; schwächer färben sich die Glochiden. Massulae wie Glochiden widerstehen einem längeren Kochen in concentrirter Kalilauge, abweichend in diesem Punkte von dem Verhalten der meisten suberificirten Membranen, während sich cutinisirte Häute oft ganz ähnlich resistent zeigen.[1]) Kaltes Schulze'sches Macerationsgemisch wirkt nur wenig ein, längeres Kochen in demselben löst die Gebilde unter Bildung öliger, farbloser Tropfen, giebt somit die s. g. Cerinsäurereaction. Mit concentrirter Salpetersäure tritt gelbbraune Färbung ein, die sich bei Zusatz von Ammoniak sehr bedeutend steigert. Mit Millon's Reagens werden die Kammerwände nach längerer Einwirkung röthlich braun, doch nur schwach gefärbt; noch schwächer färben sich die Glochiden. In alcoholischer Fuchsinlösung, welche verkorkte und cutinisirte Membranen sehr intensiv zu tingiren pflegt, tritt auch eine starke Färbung der Massulae wie der Glochiden ein.

Die Mikrosporangien sind lang gestielt und innerhalb der Sporenfrucht in grosser Zahl an der säulenförmigen Columella befestigt.[2])

Die Entwicklungsgeschichte lehrt, dass die Sporocarpien bei Azolla filiculoides schon frühzeitig, zugleich mit dem zugehörigen Blatte[3]), angelegt werden. Das ringförmig angelegte Gehäuse schliesst alsbald über der Anlage der Sporangien zusammen, doch nicht ohne dass zuvor in die Höhlung die symbiotisch mit Azolla zusammenlebenden Anabaena-Fäden eingedrungen wären. Dieselben sind somit

---

1) Vgl. F. v. Höhnel, Einige Bemerkungen über die Cuticula, Oester. bot. Zeitschr. 1878, Nr. 3 u. 4.
2) Vergl. die Abbildungen in: Ueber Azolla. Taf. V, Fig. 74, 82.
3) Ueber das Verhältniss zu diesem Blatte vergl.: Ueber Azolla. p. 52 ff.

von Anfang an in dem Gehäuse vertreten. Die Anlage der
Sporocarpien ist für die männlichen wie für die weiblichen
Sori gleich, und in beiden hat sich auch zunächst aus dem
Scheitel der Columella eine kurzgestielte Makrosporangium-
Anlage erhoben. Während diese aber in den Makrosporo-
carpien weiter wächst, wird in den Mikrosporocarpien ihre
Entwicklung alsbald sistirt, während unter ihr immer neue
Mikrosporangien-Anlagen aus der Columella hervortreten. Die
Art der Ernährung, welche der jungen Anlage zu Theil wird,
mag somit über die Weiterentwicklung der einen oder der
anderen Sporangienart entscheiden. Die Sporocarpien werden
stets nur an dem untersten Blatte eines Sprosses angelegt
und gehören dem unteren Lappen dieses Blattes an.[1]) Sie
stehen stets in Paaren und sind von gleichem oder ungleichem
Geschlecht. Fällt die Entwicklung zu Gunsten der Mikrosporangien aus, so bleibt, wie schon erwähnt, die Makrosporangien - Anlage sehr bald in ihrer Weiterentwicklung
stehen (Taf. I, Fig. 1 ma), während Zellen der äussern Zell-
lage der Columella unter ihr zu immer neuen Mikrosporangien-Anlagen auswachsen. Diese Bildung neuer Anlagen
hält längere Zeit an, so dass junge Mikrosporocarpien neben
reifen Mikrosporangien auch solche besitzen, die sich in den
ersten Phasen der Entwicklung befinden. Die Entwicklungsgeschichte der Mikrosporangien von Azolla filiculoides ist
im wesentlichen die nämliche wie diejenige der Mikrosporangien von Salvinia[2]) so dass ich rasch über dieselbe
hinweggehen kann. Die noch einzellige Anlage theilt sich

---

1) Vergl. Ueber Azolla, p. 52.

2) Vergl. hierzu Juranyi, Ueber die Entwicklung der Sporangien und Sporen der Salvinia natans 1873 und Heinricher, Die
näheren Vorgänge bei der Sporenbildung der Salvinia natans, ver-
glichen mit der der übrigen Rhizocarpeen. Sitzungsber. d. Wiener
Akad. d. Wiss., math. nat. Cl. Bd. LXXXV. 1882. p. 494.

in Stiel und Kapsel und zunächst ist es der erstere, der durch eine Längstheilung, dann durch fortgesetzte Quertheilungen die Zahl seiner Zellen vermehrt. In der Endzelle, welche das Sporangium liefern soll, werden nach entsprechender Grössenzunahme anfeinander folgende Theilungsschritte zurückgelegt, welche eine Innenzelle von einer einschichtigen Wandung abgrenzen. Von der Innenzelle wird hierauf eine einfache Schicht von Tapetenzellen abgeschnitten. Die tetraëdrische Innenzelle selbst: das Archespor, giebt nunmehr, bei gleichzeitiger Grössenzunahme, durch fortgesetzte Zweitheilung, einem Gewebecomplex von sechszehn Zellen den Ursprung und auch die inhaltsreichen Tapetenzellen nehmen an Zahl entsprechend zu, wobei ihre Lage aber einschichtig bleibt. Die sechszehn aus dem Archespor erzeugten Zellen beginnen hierauf aus dem Verbande zu treten, sie werden zu Sporenmutterzellen, und auch die Tapetenzellen geben ihren Zusammenhang auf und wandern als nackte Protoplasten zwischen die Sporenmutterzellen ein. So erscheinen die letzteren alsbald, ähnlich wie in anderen Sporangien und in Antherenfächern, in eine aus der Verschmelzung der Tapetenzellen erzeugte Plasmamasse, in ein Plasmodium, eingebettet. Der ganze Inhalt des Sporangiums bildet jetzt eine abgerundete Masse, die seitlich nur durch dünne Plasmaplatten mit der Sporangienwandung zusammenhängt. Innerhalb dieser Masse findet man auch die Zellkerne der Tapetenzellen gleichmässig zwischen den Sporenmutterzellen verteilt. Alsbald erfolgt nun die Theilung der Sporenmutterzellen und die Trennung der jungen Sporen, die dann relativ rasch zu definitiver Grösse anwachsen und hierbei ihre sich bräunlichgelb färbende Exine zu voller Dicke ausbilden. An der Bauchseite der Spore fallen dann auch hier, wie in anderen Fällen, die drei unter 120° zusammenstossenden Leisten an der Exine auf. So weit stimmen, wenn wir diese Schilderung mit derjenigen Juranyi's und Heinricher's vergleichen, die Vorgänge im Mikrosporangium von Azolla und Salvinia überein. Im Gegensatz zu Marsilia sind bei Azolla weder die Sporenmutterzellen noch die jungen Sporen von einem hellen Hofe umgeben und auch bei Salvinia habe ich mich von dem Vorhandensein solcher hellen Höfe nicht überzeugen können. Sobald nun bei Azolla filiculoides die Bildung der Mikrosporenhäute vollendet ist, stellt sich ein ganz eigener Vorgang in den Mikrosporangien ein. Während, wie gesagt, bis dahin helle Höfe um die Mikrosporen nicht zu beobachten waren, werden solche jetzt um dieselben erzeugt. Es kann keine Rede davon sein, dass diese Höfe etwa aus gequollenen Specialmutterzellwänden hervorgegangen wären, da von diesen lange zuvor keine Spur mehr nachzuweisen war. Die hellen Höfe rühren vielmehr von einer hyalinen Flüssigkeit her, die aus dem umgebenden Plasmodium erzeugt wird. Die um die einzelnen Sporen gebildeten Höfe beginnen alsbald aufeinander zu stossen und zu verschmelzen, während die Substanz des Plasmodiums entsprechend zurückgedrängt wird. So ist schliesslich im Innern des Mikrosporangiums eine begrenzte Anzahl hyaliner Blasen vorhanden, welche von dem Protoplasma des Plasmodiums umgeben und getrennt werden (Taf. I, Fig. 2). Aus diesen Blasen gehen die zukünftigen Massulae hervor. Das Plasmodium kleidet in zusammenhängender Schicht die Innenwand des Sporangiums aus und bildet so auch zusammenhängende Wände zwischen den Blasen. In diesem Protoplasma sind auch die ursprünglichen Zellkerne noch vorhanden und gleichmässig vertheilt. Was die Zahl der in einer Blase vereinigten Sporen anbetrifft, so ist diese verschieden. Es erklärt sich dies leicht aus der Art, wie diese

1) l. c. p. 510.

Blasen entstehen, denn es fällt mehr oder weniger dem Zufall anheim, wie viel der um die einzelnen Mikrosporen getrennt entstandenen Höfe mit einander verschmelzen. Aus
demselben Grunde ist auch die Zahl der in einem Sporangium
vertretenen Massulae innerhalb gewisser Grenzen Schwankungen unterworfen. Um die Zeit, wo die Bildung der Blasen
beginnt, haben die Mikrosporangien etwa nur zwei Drittel ihres
Durchmessers erreicht: es folgt somit auf diesen Vorgang
noch eine bedeutende Grössenzunahme. Entsprechend wächst
das Volumen der Blasen, wobei ihr Inhalt zugleich stärker
lichtbrechend wird. Der Plasmabeleg um die Blasen nimmt
hingegen an Dicke ab. Hat das Mikrosporangium seinen
definitiven Durchmesser erreicht, so tauchen plötzlich in der
Substanz der Blasen zarte Scheidewände auf, welche demselben eine kammerige Structur verleihen (Taf. I, Fig. 10).
Im Augenblicke ihres Auftretens sind die Kammerwände sehr
zart und farblos, sie nehmen weiterhin an Dicke zu und
bräunen sich allmählich. Erst nach Anlage der Kammern
in den Massulae treten an der Oberfläche derselben, in dem
umhüllenden Plasma, die Glochiden auf. Sie werden nicht
allein an den der Sporangienwandung zugekehrten, sondern
auch an den übrigen Flächen der Massulae angelegt, dort
aber in geringerer Anzahl. Da die nach aussen die Massulae
deckende Plasmaschicht continuirlich die ganze Sporangiumwand auskleidet, so halten sich die Glochiden, die dort entstehen, auch nicht an die seitlichen Grenzen der einzelnen
Massulae, sie laufen vielmehr über dieselben hinweg. Die
Insertionsstellen der Glochiden liegen aber stets auf den Massulae selbst. Sind die Glochiden angelegt, so schwindet alsbald der ganze noch restirende plasmatische Beleg um die
Massulae und das Mikrosporangium hat hiermit seinen Reifezustand erreicht.

Werden frische Mikrosporangien zur Zeit der ersten An-

lage der Blasen durch Druck auf das Deckglas, in Wassertropfen zersprengt. so treten die Inhaltsmassen der Blasen
und das sie umhüllende Protoplasma nach aussen hervor. Der
Inhalt der Blase vertheilt sich sofort in das umgebende Wasser,
ohne irgendwie gegen dasselbe abgegrenzt zu bleiben, die in
der Blase befindlichen Sporen werden gleichzeitig frei. Das
Hüllplasma desorganisirt sich alsbald im umgebenden Wasser;
seine Zellkerne, die ein meist excentrisch gelegenes Kern-
körperchen aufweisen, werden beim Absterben stark lichtbrechend. Auf nächstfolgenden Entwicklungszuständen nimmt
die Dichte des Blaseninhalts zu, derselbe erhällt gallertartige
Beschaffenheit; dann resistirt er auch eine Zeitlang dem umgebenden Wasser, ohne übrigens irgend eine innere Structur
zu verrathen. Auffallend ist es, wie sich das herausgedrückte
Hüllplasma jetzt zu verhalten pflegt. Es nimmt Wasser aus
der Umgebung auf und wird ganz ähnlich vacuolig-schaumig,
wie es fertige Massulae sind. Das erweckt oft die Vorstellung,
man habe es mit der Substanz der Letzteren und der Anlage von Kammerwänden in ihrem Inneren zu thun. Thatsächlich erscheint aber die Substanz der Massula-Anlage
noch ganz homogen und wird es, unter Einfluss des Wassers,
sogar auch noch in der ersten Zeit nach Anlage der Kammerwände. Letztere schwinden nämlich alsbald bei Einwirkung des Wassers und man hat dann wieder vor Augen nur
eine scheinbar structurlose Gallertmasse. Erst weiterhin
werden die Kammerwände der Massulae resistenter und es
folgt der Zustand, in welchem die herausgedrückten Massulae
etwas schrumpfen und ihre zarten, schon bräunlich gefärbten
Kammerwände sich in Falten legen. Die Bräunung der
Kammerwände und ihre Dicke nimmt zu, und schliesslich
werden an deren Oberfläche auch die Glochiden sichtbar.
Körnige Plasmareste haften letzteren an, ja deren Köpfchen
werden zunächst auch wohl noch vom Wasser angegriffen.

Setzt man Jodtinctur zu den in Wassertropfen liegenden
Mikrosporangien hinzu und lässt nunmehr erst den Inhalt
derselben durch Druck hervortreten, so bemerkt man, wie in
der Gallerte der Massulae ein körniger Niederschlag sich
bildet. Dieser Niederschlag ist nur gering bei Anlage der
Blasen, immer reichlicher, je näher der Augenblick der
Kammerbildung rückt. Das ist hervorzuheben der richtigen
Würdigung der Erscheinungen wegen, welche das Alcohol-
material bietet. Thatsächlich ruft der Alcohol für sich
schon den Niederschlag hervor. Um die Zeit der Kammerbildung in den Massulae zeigt sich in der Jodlösung auch
das Hüllplasma sehr körnerreich. Diese Behandlung lehrt
zugleich, dass mit beginnender Sonderung der Sporenmutterzellen die Wandungszellen des Mikrosporangiums stärkehaltig
werden. Die Stärke wird in den Chloroplasten der Wandungszellen erzeugt. Weiterhin wächst der Stärkereichthum
dieser Chloroplasten sehr bedeutend und nimmt erst nach
der Anlage der Glochiden ab, wobei gleichzeitig Stärkekörner
innerhalb der Sporen in den Massulae sich einfinden. Dass
die Sporen an ihren Zellkernen kleine Leucoplasten führen,
ist zuvor schon zu constatiren. In der abgeflachten Wan-
dungszelle reifer Sporangien ist dann die Stärke schliesslich
völlig verschwunden.

Die feineren Details derjenigen Vorgänge, die zur Differenzirung der Kammern in den Massulae und zur Bildung
der Glochiden führen, sind nur an entsprechend gehärteten
Sporangien-Anlagen zu gewinnen. Ich kam am besten mit
Alcohol-Material aus, das ich in Chloralhydratlösung,[1] die
zur Hälfte mit Jodglycerin versetzt war, untersuchte. Ausserdem wurden auch Safranin- und Haematoxylin-Tinctionen
vorgenommen, die gefärbten Objecte in Alcohol entwässert

---

1) 8 Gewichtstheile Chloralhydrat auf 5 Gewichtstheile Wasser.

und in Origanumöl untersucht. Endlich kamen auch gefärbte
und ungefärbte Präparate in Carbolsäure zur Beobachtung.
Vielfach war ein Zerdrücken der so behandelten Objecte von
Nutzen, oder es wurden die einzelnen Theile derselben mit
Nadeln freigelegt. Aus allen Beobachtungen ging übereinstimmend hervor, dass während der Grössenzunahme der
Massulae-Anlagen eine Einwanderung von Substanz in dieselben von dem umgebenden Plasmodium aus erfolgt. Und
zwar ist es Hyaloplasma, welches geformt in die flüssige
Substanz der Blasen eindringt. Im frischen Zustande ist
dies nicht zu sehen, weil dieses Hyaloplasma in seinem
Brechungsvermögen kaum verschieden von der flüssigen Masse
der Anlagen ist. An den gehärteten Objecten geben hingegen die körnigen Niederschläge Auskunft über die Ver-
breitung der Plasmamassen innerhalb der Blasen. Erst sind
es nur spärliche Plasmastränge, welche die Hohlräume der
Blasen durchziehen, dann nimmt deren Menge immer mehr
zu, und die Anordnung der Körner verrät deutlich eine
kammerige, im optischen Durchschnitt netzförmige Vertheil-
lung. Was den Niederschlag anbetrifft, so tritt er im Anfang
nur in Gestalt einzelner relativ grosser, unregelmässig ab-
gerundeter Körner auf (Taf. I, Fig. 3); weiterhin werden
diese Körner immer zahlreicher und kleiner (Fig. 4 und 5).
Deutlich ist zu constatiren, dass die Kammerwände in
diesen Körnermassen gebildet werden, innerhalb der die erzeugte Gallerte durchsetzenden Plasmaplatten. (Fig. 5). Den
äusserst zarten, eben angelegten Kammerwänden haften noch
längere Zeit in den Alcoholpräparaten kleinere Körner an
(Fig. 6a, 7) und fehlen erst in solchen Präparaten, in welchen die Kammerwände bedeutendere Dicke erlangt und beginnende Bräunung erfahren haben. Was nun die Natur
der in den Alcohol-Präparaten innerhalb der Gallerte auf-
getretenen Körner anbetrifft, so möchte ich nur erwähnen,

dass dieselben bei Jodbehandlung eine schön weinrothe Färbung annehmen. Sie dürften einem Kohlehydrat angehören
und vielleicht dem Amylodextrin verwandt sein. Dieses
Kohlehydrat steht zur Bildung der Gallerte in einer bestimmten Beziehung und ist es zu constatiren, dass auch
diese Gallerte zur Zeit des Auftretens der Kammerwände
eine deutlich röthliche Färbung verräth. Selbst in die bräunliche Nuance der Kammerwände mischt sich zunächst ein
solcher röthlicher Ton, der aber schon auf dem nächsten
Entwicklungsstadium sowohl in den Kammerwänden als auch
in der Gallerte schwindet. Die Gallerte der Massulae mag
nach alledem ein Ausscheidungs- oder Umwandlungsproduct
des eingewanderten Protoplasma sein. Entwicklungszustände,
die auf die Anlage der Kammerwände zunächst folgen,
zeigen bei Haematoxylinfärbungen in jeder Kammer ein
dünnes, scharf tingirtes Häutchen, das die innere Grenze der
gequollenen Substanz angiebt und wie ein plasmatisches
Gebilde reagirt. Dieses Häutchen kann stark verschrumpft
und auf die Mitte der Kammer zusammengedrängt erscheinen
oder auch ein weiteres Lumen umschreiben (Fig. 8). Es reprä-
sentirt jedenfalls einen Rest der Plasmaplatten, aus welchen
die Kammerwände hervorgegangen sind. Von diesen Kammerwänden werden die Plasmareste jetzt durch eine Gallertmasse
getrennt, deren Quellbarkeit weiterhin abnimmt. In den reifen
Massulae füllt die eingedrungene Luft die Räume fast bis
zur Grenze der Kammerwände aus. Die Plasmahäutchen
schwinden frühzeitig schon, jedenfalls durch Resorption.

Während die Einwanderung von Hyaloplasma in die
Massulae sich vollzieht, nimmt die Dicke der plasmodialen
Hüllschichten um dieselben ab. Das Protoplasma dieser
Hüllschichten ist ziemlich grobkörnig, lässt ausserdem im
fixirten Zustande kleine, stärker lichtbrechende, längliche
Leucoplasten unterscheiden. Diese schwellen auf Zuständen,

welche der Kammerbildung in den Massulae kurz voraus-
gehen, nicht unbedeutend an und zwar weil in ihrem Innern
die Bildung eines Kohlehydrats beginnt. Letzteres tritt in
körniger Form in diesen Leucoplasten auf, die Körner werden
aber an frischen Objecten unter dem Einfluss des Wassers
alsbald desorganisirt. An Alcohol-Material erscheinen sie,
sammt dem sie umschliessenden Leucoplasten, als flache Gebilde von ziemlich übereinstimmender Grösse und sind dicht in
dem Hüllplasma vertheilt (Taf. I, Fig. 6b). Mit Jodlösungen
nehmen sie weinrothe bis gelbbraune Färbung an, je nachdem nur die Färbung des Kohlehydrats oder auch der Leuco-
plastenhülle zur Geltung kommt. Die Färbung dieser Körner
tritt wesentlich später als diejenige der Stärkekörner in den
Chloroplasten der Sporangium-Wandung ein, hingegen ist in
dieser Beziehung und in dem Farbentone nur eine geringe Diffe-
renz gegen die innerhalb der Massulae sich niederschlagenden
Körner gegeben. — Erst nachdem eine schwache Bräunung
der Kammerwände in den Massulae begonnen hat, erfolgt
die Anlage der Glochiden. Sie entstehen innerhalb des Hüllplasmas und an dickeren Stellen desselben können sich sogar
zwei Glochiden kreuzen. Die Glochiden werden sofort ihrer
ganzen Grösse nach erzeugt; ein nachträgliches Wachsthum
der Anlagen findet nicht statt. Sie liegen alle mit flacher
Seite der Oberfläche der Massulae an, diese Lage haben demgemäss auch ihre ankerförmigen Köpfchen. Eingeleitet wird
die Anlage durch die Ausbildung gestreckter Hohlräume,
um welche herum eine dünne, oft deutlich in aneinander
gereihte Körner differenzierte Lage von Hüllplasma sich in
eine dünne Membran verwandelt (Taf. I, Fig. 11a). An den
beiden Enden dieser Anlage wird sofort ein solider Theil
ausgebildet, der einerseits der Oberflche der Massula an-
sitzt, andererseits bestimmt ist, als Ansatzpunkt des Ankers
zu dienen. Die Bildung des letzteren folgt alsbald. Der-

selbe erscheint zunächst von körniger Beschaffenheit, wenig
scharf umschrieben (Fig. 11a, b, c); wird aber alsbald homogen und bestimmt contourirt. Gleichzeitig mit dem Glochi-
denkörper erfolgt auch die Bildung der oberen Scheidewand
in demselben. Eine bestimmte Beziehung der Lage zwischen
den Zellkernen des Hüllplasma und der Glochiden-Anlage
war nicht zu erkennen und muss es nur als Zufall gelten,
wenn sich in Fig. 11a ein Zellkern nahe dem in Bildung
begriffenen Glochidenkopf befindet. Die Leucoplasten mit
ihren Einschlüssen liegen der Glochidenoberfläche vielfach
an, in das Innere derselben werden sie nie aufgenommen
(Fig. 11). Ist aber die Bildung der Glochiden vollendet, so
schwindet das übrige unverbrauchte Hüllplasma sammt Zellkernen alsbald vollständig.

So entstehen diese eigenthümlichen Gebilde, die dem
ersten Blicke nach Zellnatur zu besitzen scheinen, thatsächlich aber mit Zellen ebensowenig wie die Kammern in
den Massulae etwas zu thun haben. Zu vergleichen sind dieselben, sowie die Substanz der Massulae überhaupt, nur mit
Membranbildungen, wie weiterhin noch des Näheren erörtert
werden soll. Die Entwicklungsgeschichte der Kammerwände
in den Massulae schliesst an nachträgliche Differenzirungen
an, wie sie in Zellhäuten zu beobachten sind; eine ähnliche
Entwicklungsgeschichte wie sie die Glochiden bieten, ist mir
aber bisher nur bei Anlage des Capillitiums der Myxomyceten,
speciell von Trichia fallax, vorgekommen, wo das Cytoplasma
im Sporangium um entsprechende Hohlräume herum, eine
Wandung, die Wandung der Capillitiumröhren, bildet.[1]

Von den Reactionen der fertigen Substanz der Massulae
und Glochiden war bereits die Rede, interessant erschien es,
die Einwirkung einiger Reagentien auch auf die werdenden

1) Vergl. hierzu „Zur Entwicklungsgeschichte der Sporangien
von Trichia fallax". Bot. Ztg., 1884, p. 308.

Gebilde zu verfolgen. Millon's Reagens färbt das Plasmodium in den Mikrosporangien-Anlagen dunkel ziegelroth,
die Sporenhäute dunkel braunroth, die Kammerwände der
Glochiden gleich nach ihrer Anlage bräunlich ziegelroth.
Weiterhin nimmt die Färbung der Kammerwände bei dieser
Einwirkung rasch ab. Die Glochiden färben sich von Anfang an nur schwach, am stärksten an denselben thuen es
die Köpfchen. Eau de Javelle, die bekanntlich plasmatische
Gebilde löst, veranlasst es, dass junge Mikrosporangien, bis
auf die Sporen-Anlagen, alsbald leer erscheinen. Die Kammerwände der Massulae werden bis zur Zeit der Anlage der
Glochiden vollständig gelöst, weiterhin beginnen sie zu resistiren. Ganz reife Massulae sind auch nach 24 stündigem
Liegen in Eau de Javelle unverändert. Die Umwandlung des
Protoplasma in die Substanz der Glochiden geht hingegen
sehr rasch von Statten, so dass dieselben fast von Anfang an
sich widerstandsfähig zeigen.

Sehr wichtig musste es erscheinen, eine Untersuchung der
Entwicklungsgeschichte der einen „Massula“, wenn ich so
sagen darf, von Salvinia natans der Untersuchung von
Azolla anzuschliessen. Bei Salvinia bildet bekanntlich der
gesammte Inhalt des Mikrosporangiums nur eine zusammenhängende Masse, die im Wesentlichen denselben schaumigen
Bau wie die Massulae von Azolla aufweist und welche die
Mikrosporen in sich birgt. Ich hatte schon früher angegeben, dass die Kammerwände der Massula von Salvinia
durch Umwandlung eines kümmerigen Plasmagerüstes hervorgehen;[1]) es musste nunmehr festgestellt werden, ob nicht
noch weitere Anknüpfungspunkte an Azolla sich aus der
näheren Untersuchung ergeben würden. Dies ist nun in der
That der Fall, ja die Vorgänge bei Salvinia sind in mancher

1) Zellhäute p. 132.

19

Beziehung berufen, den bei Azolla gewonnenen Resultaten eine noch festere Grundlage zu geben. Die Untersuchung ist auch hier am besten an Alcohol-Material, in Chloralhydrat-Jodglycerin, vorzunehmen. — Nach der Einwanderung der Tapetenzellen zwischen die Sporenmutterzellen erfolgt die Theilung der letzteren und man findet alsbald das Plasmodium sammt seinen Zellkernen gleichmässig zwischen den jungen Sporenanlagen vertheilt. Diese bilden jetzt ihre Häute aus, die sich alsbald gelb färben. Die Substanz des Plasmodiums ist auf diesem Zustande körnig, was die Sporangiumanlage entsprechend undurchsichtig macht. Während nun diese Sporangiumanlage grösser wird, treten Hohlräume in dem Plasmodium auf; auch wird die Substanz des letzteren durch theilweisen Schwund der Körner heller, was die ganze Sporangiumanlage wesentlich durchsichtiger erscheinen lässt. Die Hohlräume zeigen sich auch hier mit homogener Flüssigkeit erfüllt, in der die Sporen zu liegen kommen. Das Plasmodium sieht jetzt im optischen Durchschnitt wie ein grobes Maschenwerk aus, dessen Knotenpunkte die Zellkerne enthalten (Fig. 31). Diese Knotenpunkte beginnen alsbald anzuschwellen und vacuolig zu werden (Fig. 32), während die sie verbindenden Plasmabrücken grösstentheils eingezogen werden. So bekommen wir alsbald einen Zustand, in welchem das Mikrosporangium zellenähnliche, in einer homogenen, flüssigen Substanz eingebettete Gebilde zeigt, die durch schwache hyaloplasmatische Fortsätze netzförmig verbunden werden. Manche dieser zellenartigen Gebilde können fast vollständig von ihren Nachbarn getrennt worden sein, zum Theil vielleicht unter dem contrahirenden Einfluss der Reagentien. Jedes der zellenartigen Gebilde weist eine geschlossene plasmatische Umgrenzung auf und ein in unregelmässige Kammern getheiltes Lumen (Fig. 33). Unter Umständen kann auch ein einziges Lumen den ganzen Hohl-

2*

raum erfüllen (Fig. 33 rechts). Meist liegt je ein Zellkern
innerhalb dieser Gebilde, entweder in dem Kammerwerk zwischen den Vacuolen, oder an der äusseren Umhüllung (Fig. 33).
Oefters trifft man auf solchen Entwicklungszuständen in
den Alcoholpräparaten unregelmässig geformte, grössere oder
kleinere Körner an, welche an beliebigen Stellen den zellenartigen Gebilden oder den Sporen ansitzen. Diese Körner
nehmen in Chloralhydrat-Jodglycerin auch wohl eine weinrothe Färbung an, und dürften den gleichen Körnern bei
Azolla entsprechen. Auch hier stehen diese Körner jedenfalls in Beziehung zu der Bildung der homogenen, flüssigen
Massen, die weiterhin auch deutlich gallertartige Consistenz
erlangen. Ueberhaupt führt aber der Vergleich dahin,
manche Uebereinstimmung zwischen Salvinia und Azolla in
den Vorgängen, die sich im Mikrosporangium abspielen, auf-
zudecken. Zum Unterschied von Azolla wird freilich bei
Salvinia die homogene Flüssigkeit nicht zur Bildung einer
bestimmten Anzahl abgeschlossener Anlagen benutzt, erfüllt
vielmehr continuirlich den Raum, in welchem die zellenartigen,
nur durch feine Brücken verbundenen Gebilde sich vertheilt
zeigen. Wie nun aber bei Azolla von dem plasmodialen
Hüllplasma aus Hyaloplasma in die Flüssigkeit der Blasen
einwandert, so sehen wir dies auch hier von den zellenartigen Gebilden aus geschehen, denen somit ganz dieselbe
Aufgabe wie dort dem Hüllplasma zufällt. Ja bei Salvinia
ist diese Einwanderung noch viel leichter festzustellen und
hebt jeden noch etwa möglichen Zweifel an der richtigen
Deutung der Vorgänge bei Azolla auf. Während Zustände
wie in Figur 33 nur wenige Hyaloplasmabrücken zwischen
den aus dem Plasmodium hervorgegangenen, zellenartigen Gebilden aufweisen, sieht man in den darauffolgenden Zuständen
die Zahl dieser Brücken immer mehr und mehr zunehmen
und sich ein System hyaloplasmatischer Kammern ausbilden,

welches die homogene Flüssigkeit der Hohlräume gleichmässig durchsetzt (Fig. 34, 35, 36). In das System dieser
Kammern treten zum Theil direct auch die Vacuolen ein,
welche das Innere der zellenartigen Gebilde eingenommen
hatten. Dabei wird das sie umhüllende Plasma hyaliner und
büsst seine körnigen Bestandtheile ein. So verlieren sich die
Grenzen der zellenartigen Gebilde gegen die Umgebung und
nur die den Zellkern umgebende körnige Partie setzt noch
schärfer ab. Die Zahl der Kammern wächst aber noch zusehends, und die schaumige Masse wird dabei immer eng-
maschiger. Das dauert so lange fort, bis alles körnige
Plasma um die Plasmodiumkerne verbraucht ist. Diese selbst
beginnen hierauf stark lichtbrechend zu werden (Fig. 36),
nehmen an Grösse ab (Fig. 37), und schwinden schliesslich
vollständig aus dem Gefüge. — Ganz ähnlich wie bei Azolla
resistiren die Kammerwände frischer Sporangien bei Salvinia
erst von einem gewissen Entwicklungszustande an den An-
griffen des Wassers, reagiren überhaupt in jeder Beziehung
wie jene; nehmen entsprechend auch eine ähnliche braune
Färbung an. Ebenso führen die Wände junger Mikrosporangien bei Salvinia Chlorophyllkörner und weiterhin eine
Zeit lang reichlich Stärke. — Eine ziemlich häufige Erscheinung bei Salvinia ist es, dass während der Ausbildung
der Kammerwände eine Anzahl Mikrosporen obliterirt.

Die reifen Makrosporocarpien von Azolla werden von
einer einzigen Makrospore ausgefüllt.[1]) Von der Wandung
des Makrosporangiums ist im fertigen Zustande nur noch
ein Ueberrest am Scheitel der Makrospore vorhanden. Die
reife Makrospore ist von einer dicken, bräunlich-gelben,
radial gestreiften Exine umgeben, besitzt ausserdem eine
complicirt gebaute Perine. An der Bauchseite der Spore hat

---

1) Ueber Azolla p. 63 ff.

die Exine die drei gewohnten, unter Winkel von 129 ⁰ zusammenstossenden Leisten aufzuweisen. Die Perine besteht
bei Azolla filiculoides an der Rückenfläche der Spore aus
einer dicken, bräunlich gelb gefärbten Haut, die sich an zahlreichen Stellen zu grossen rundlichen Warzen erhebt, welche
stellenweise durch seitliche Brücken zusammenhängen. An
dem flachen Scheitel der Warzen wird die dicke Haut unter-
brochen; im Innern sind die Warzen aber von schaumig-
kammeriger Substanz erfüllt. Die nämliche Substanz trennt
die dicke Haut von der Exine auch an den eingesenkten Stellen,
dort aber nur in schwacher Lage. Von den flachen Scheiteln
der Warzen entspringen ausserdem lange, feine, peitschen-
förmige Fäden, die in gewundenen Bahnen durch einander
laufen und sich an der Oberfläche der Spore emporrichten,
wenn dieselbe aus der Sporenfrucht befreit wird. Der Bauchseite der Spore sitzt ein eigenthümliches Gebilde auf, das
ich als Schwimmapparat bezeichnet habe.[1] Dieser Apparat
besteht aus drei birnförmigen Körpern, die zusammen einen
pyramidalen Complex bilden (Fig. 29). Die Structur der
birnförmigen Körper ist eine schaumig-kammerige; sie
schliessen in ihrem unteren angeschwollenen Theile, zwischen
den Kammern, stets eine Anzahl gelblicher, unregelmässig
contourirter Klumpen ein (Fig. 27, 29, 30). Jeder der drei
birnförmigen Körper läuft an seinem verschmälerten oberen
Ende in lange dünne Fäden aus, ähnlich denjenigen, welche
wir den Warzen der Perine entspringen sahen. Diese Fäden
folgen abwärts, durch einander verfilzt (Fig. 28), der Aussenfläche des Schwimmapparates. Wird die Makrospore aus dem
Sporocarp befreit, so stülpt sich dieser Fadencomplex sammt
der abgestorbenen, an dieser Stelle nur erhalten gebliebenen
Resten der Sporangiumwandung nach aussen um und bildet

[1] l. c. p. 64.

einen auf den Schwimmapparat zuführenden Trichter (Fig. 30).
In geringer Anzahl entspringen die gleichen Fäden auch der
unteren, inneren Fläche der birnförmigen Körper. Die birnförmigen Körper liegen mit ihrem unteren Theile eingesenkt
in einer sehr engmaschigen, grobfaserig erscheinenden Masse,
in welche die kammerige, um den Rand der Rückenfläche
ringförmig angeschwollene Substanz der Perine übergeht.
Aus diesen Vertiefungen werden die birnförmigen Körper
leicht befreit (Fig. 30). Dieselben hängen auch seitlich nicht
mit einander zusammen, können somit auseinander gedrängt
werden, sofern das obere Stück der Sporangiumwand, der
die Fäden der Schwimmkörper stark anhaften, zersprengt
wird, wie dies thatsächlich bei der Keimung geschieht.[1] Das
Makrosporocarpium ist wesentlich kleiner als das Mikrosporocarpium, birnförmig, die andere fast kugelig gestaltet. Die
Wandung des Mikrosporocarpiums erscheint nur am Scheitel,
diejenige des Makrosporocarpiums in der ganzen oberen Hälfte
verholzt und rothbraun gefärbt. Dieser verholzte Theil reisst
am Makrosporocarpium späterhin von dem unteren, unverholzten ab und deckt die freigewordene Makrospore. Erst
vor der Keimung wird auch diese verholzte Kappe abgeworfen,
und bei diesem Vorgang der Rest der Sporangiumwand, sammt
anhaftender Fadenschicht, umgestülpt. Der Scheitel des Makrosporocarpiums ist ebenso wie derjenige des Mikrosporocarpiums
von isolirten Anabaena-Zellen erfüllt (Fig. 29). Der erhalten
gebliebene Theil der Sporangiumwand trennt diese Zellen
von dem Schwimmapparat der Makrospore.

Die mikrochemischen Reactionen der Makrosporenhaut
entsprechen denjenigen der Massulae und Glochiden. Es ist
dieselbe Substanz, welche beide bildet. Manche Reactionen
treten aber noch schärfer hervor. Der concentrirten Schwefel-

---

1) Vergl. die Abbildung bei Berggren, Om Azolla's prothallium
och embryo, Fig. 16. Lunds Univ. Arsskrift. Tom. XVI.

säure resistirt die dicke Haut der Perine weniger als der
Schaum und die Fäden, auch quillt diese Haut stärker als
die Exine. Die resistirenden Theile färben sich dunkelbraun.
Die Chromsäure steht der Schwefelsäure an Wirkung nach:
Chromschwefelsäure übertrifft beide und löst das ganze Gebilde schliesslich vollständig auf. Bei Kalibehandlung nimmt
die im frischen Zustand nur gelbliche Sporenhaut eine intensiv
gelbe Färbung an, die Exine wird sogar braun. Alle diese
Gebilde widerstehen auch längerem Kochen in Kalilauge. In
Millon's Reagens wird die ganze Makrosporenhaut braungelb, besonders intensiv nach dem Erwärmen. Salpetersäure
färbt sie gelb: nach Zusatz von Ammoniak braun ins Rothbraune. Am schwächsten reagiren immer die Fäden, sie
bleiben meistens fast farblos, ähnlich wie die Seitenwände
der Glochiden. Chlorzinkjodlösung veranlasst gelbbraune
Färbung, die auch an den Fäden zu erkennen ist.

Die Anlage des Makrosporocarpiums stimmt mit derjenigen des Mikrosporocarpiums durchaus überein. Hier wie
dort erhebt sich das Makrosporangium als erste Anlage
aus dem Scheitel der Columella. Während aber in dem
Mikrosporcarpium die Entwicklung dieses Makrosporangiums
alsbald sistirt wird, sehen wir dasselbe in dem Makrosporocarpium kräftig wachsen, die ganzen disponiblen Nahrungs-
stoffe wohl an sich ziehen und so veranlassen, dass die tiefer
entspringenden Mikrosporangien-Anlagen nicht über die aller-
ersten Entwicklungsstadien hinauskommen. Aus ähnlichen
Ursachen unterbleibt wohl auch jede Streckung der Columella. Weiterhin machen sich wohl auch correlative Einflüsse
auf die Ausbildung der Sporocarpium-Wandung geltend, die
alsbald eine von dem Mikrosporocarpium abweichende Form
annimmt und in der Grössenentwickelung hinter derselben
zurückbleibt. Die Entwickelungsgeschichte des Makrosporangiums gleicht derjenigen der Mikrosporangien, nur dass

der Stiel kurz bleibt, dafür aber von Anfang an grössere
Dicke aufweist. Die Bilder **der** Anlage entsprechen durchaus denjenigen, die Heinricher für die Makrosporangien
von Salvinia zur Darstellung gebracht hat.[1] In Uebereinstimmung mit den diesbezüglichen Angaben von Heinricher[2] für Salvinia finde ich, dass auch in dem Makrosporangium von Azolla durch **Theilung der** Centralzelle **nur**
ein achtzelliger Körper erzeugt wird. Es besteht hier somit
derselbe Gegensatz zwischen den Mikrosporangien, die sech-
zehn Sporenmutterzellen bilden, und den Makrosporangien,
welche nur acht erzeugen, wie bei Salvinia. Die Tapeten-
schicht ist auch hier, wie bei Salvinia, fast überall einschichtig und geben die Tapetenzellen ihre Selbständigkeit
auf, sobald die Sporenmutterzellen aus dem Verbande treten
(Taf. I, Fig. 17). Alle acht Sporenmutterzellen führen die
Theilung aus und die sämmtlichen 32 Sporenanlagen treten
auseinander **und** werden durch das zum **Plasmodium** ver-
schmolzene Plasma der Tapetenzellen getrennt. Eine Sporen-
anlage wächst nun aber **allein weiter: es scheint, dass es die**
zufällig unterste, dem Grunde des Sporangiums nächste ist
(Taf. I, Fig. 18). An Grösse **rasch** zunehmend, verdrängt
die junge Makrospore **das sie umgebende Plasmodium** und
die in demselben eingebetteten Sporenanlagen (Fig. 18).
Letztere kommen in **die stärkere Plasmaansammlung über**
der Makrospore zu **liegen: nur selten findet man einzelne**
verirrt an **deren** Seiten. In durchsichtig gemachten, auf
solchem Entwicklungszustande befindlichen Sporangien kann
man unschwer die Zahl der vorhandenen Sporenanlagen **fest-**
stellen: stets schwankt diese **Zahl** um dreissig. **Die Makro-**
spore zeigt sofort die richtige Lage im Sporangium, sie kehrt,
ähnlich wie dies auch bei Salvinia der Fall, ihre Bauchseite

---

1) l. c. Taf. I, Fig. 1.
2) l. c. p. 497.

nach oben, während die Makrospore von Marsilia umgekehrt orientirt ist. Ihre Grössenzunahme ist von einer
solchen des ganzen Makrosporangiums begleitet, und zwar
dominirt zunächst die letztere. So kommt es denn, dass
alsbald die Sporenanlage, sammt dem sie umgebenden Plasmodium das Sporangium nicht mehr ausfüllt und mit dessen
Wandbelegen nur noch durch einzelne Plasmastränge zusammenhängt. So vornehmlich an der Rückenfläche der Spore
(Fig. 19). Weiterhin holt die Sporenanlage das Sporangium
in seinem Wachsthum wieder ein. Während dieser Grössenzunahme hat aber die Wand der Spore schon eine bestimmte
Dicke erreicht und eine Bräunung erfahren. Das Wachsthum
dieser von zahlreichen radialen Poren durchsetzten Wandung,
der Exine, dürfte auf Substanzeinwanderung beruhen, doch
lassen sich für dieselbe keine directen Anknüpfungspunkte
gewinnen. Ist die Spore ausgewachsen, und ihre Exine fertiggestellt, so füllt sie das Sporangium so weit aus, dass sie
von der Wandung desselben nur durch die Plasmodiumschicht getrennt erscheint. Diese Plasmodiumschicht ist
auch jetzt an der Bauchseite der Spore wesentlich stärker
als an der Rückenfläche, und schliesst an der stärksten Stelle
die in Schrumpfung begriffenen, dem Untergang geweihten
Sporen ein. Um die Sporenreste beginnt jetzt die nämliche
Erscheinung sich einzustellen, wie wir sie im Umkreis der
Sporen im Mikrosporangium kennen gelernt haben, nämlich
die Bildung heller Blasen. Diese führen zur Anlage von
drei zunächst eiförmigen, mit flüssigem Inhalt erfüllten Hohlräumen, aus denen die Schwimmkörper hervorgehen (Taf. I,
Fig. 20). Die Ausbildung dieser Hohlräume hat eine Ver-
drängung des angesammelten Protoplasma zur Folge, das
die Hohlräume nunmehr umhüllt. Aehnlich wie in den
Mikrosporangien nehmen die Hohlräume durch Einwanderung
von Hyaloplasma und Bildung von Schleim aus demselben

an Grösse zu (Taf. II. Fig. 21). bis dass schliesslich die Differenzirung der Kammerwände erfolgt und damit die schaumige Structur dieser Schwimmapparate gegeben ist. In den
Chromatophoren der umhüllenden Plasmaschicht sind inzwischen dieselben weinroth sich färbenden Körner, wie wir
sie in den Mikrosporangien gesehen haben, in grosser Zahl
aufgetreten und es beginnen sich alsbald Plasmastränge zu
markiren. aus welchen die feinen Fäden hervorgehen, die den
Schwimmkörpern entspringen. Die Entwicklungsgeschichte
dieser Fäden ist somit eine ganz ähnliche wie diejenige der
Glochiden, nur dass erstere einen um so viel einfachern Bau
zeigen. In dem Netzwerk der Schwimmkörper haben die
Sporenreste Aufnahme gefunden und sind. wie wir bereits
wissen, in demselben als gelbe unregelmässige Klumpen auch
an reifen Makrosporen nachzuweisen. Gleichzeitig mit dem
Auftreten der Hohlräume in der Plasmaansammlung an der
Bauchfläche der Makrospore treten auch in der Plasmodiumschicht, welche die Rückenfläche umgiebt, hellere, mehr oder
weniger regelmässig vertheilte Flecke, auf. Es sind das die
ersten Anlagen der späteren Warzen (Taf. II, Fig. 23). Sie
bilden, ganz wie die Anlagen der Schwimmkörper, mit
flüssigem Inhalte erfüllte Hohlräume. Zwischen diesen
Hohlräumen stellt das Plasmodium mit seinen Zellkernen
und kleinen Chromatophoren ein continuirliches Netzwerk dar.
Dieses ganze Netzwerk wird an seiner Innenfläche durch einen
hellen Zwischenraum von der Exine getrennt. Hierauf be-
beginnt auch hier in die Hohlräume der Warzen, wie auch
in den letzt erwähnten Zwischenraum, Hyaloplasma einzuwandern, um Schleimmassen, schliesslich auch ein Kammerwerk zu bilden (Taf. II, Fig. 24). Dieses Kammerwerk ist
im Innern der Warzen und nach der Exine zu weitlumig,
englumig an der Peripherie. In die englumigen Aussentheile
wandert weiterhin noch mehr Plasma ein und verleiht den-

selben ein grobkörniges Aussehen (Fig. 25a. b u. c). Dann
folgt in der Aussenschicht des immer noch sehr körner-
reichen Hüllplasmas die Ausbildung der langen Fäden, die
den Warzen entspringen und der Sporangiumwand folgen.
Hierauf erst schwindet allmählich alles das die Maschen
zwischen den Warzen erfüllende Hüllplasma sammt seinen
Körnern. wobei die Dichte der Aussenschicht am Perinium
noch stetig wächst. Diese Aussenschicht gewinnt schliesslich
ein stark lichtbrechendes. fast homogenes Aussehen (Fig. 26).
Der Umstand, dass das körnerreiche Hüllplasma nur die
Räume zwischen den Warzen erfüllt. erklärt es zur Genüge,
dass die dichte Aussenschicht des Periniums am Scheitel der
Warzen fehlt.

Wie aus dieser Entwicklungsgeschichte hervorgeht, sind
auch die Schwimmkörper zur Perine zu rechnen und stellen
nur einen besonders ausgebildeten Theil derselben vor. Dass
die Substanz, welche die Kammerwände. die dichten Schichten-
theile und die Fäden der Perine hier bildet, nicht verschieden
von derjenigen ist, welche die Wände in den Massulae und die
Glochiden erzeugt, ergiebt sich andererseits nicht allein aus
dem mikrochemischen Verhalten, sondern auch aus der ganzen
Entwicklungsgeschichte. Es handelt sich augenscheinlich um
homologe Vorgänge und es ist instructiv zu verfolgen, wie
hier an Mikro- und Makrosporen verschiedene Effecte durch
die gleichen Mittel erreicht werden.

Die Anlage des Makrosporocarpiums ist, wie schon erwähnt, und wie die Figur 16. Taf. I, zeigt, die nämliche
wie des Mikrosporocarpiums. Anabaena-Fäden dringen auch
hier in das Gehäuse vor Verschluss desselben ein. Sobald der Verschluss über dem Sporangium vollzogen ist, beginnt sich die charakteristische Ausbildung des Makrosporo-
carpium-Gehäuses durch Streckung der beiden Zellschichten am
Scheitel desselben zu markiren (Fig. 17, 18). Während rosa

Farbstoff in der oberen Hälfte des Gehäuses auftritt, wird in
der unteren Hälfte reichlich Chlorophyll entwickelt und ist
dieselbe später sehr stärkereich. Die Anabaena-Fäden werden
alsbald zwischen Sporangiumscheitel und dem Sporocarpium-
Gehäuse eingeengt und zerfallen in einzelne Zellen. Das Makrosporocarpium eilt, weil es nur ein Sporangium auszubilden
hat, dem Mikrosporocarpium, mit dem es etwa zu Paaren steht,
in seiner Entwicklung wesentlich voraus und ist schon fertig
gestellt, wenn im Mikrosporocarpium die Entwicklung neuer
Sporangien noch andauert. Hat aber das Makrosporocarpium
seine volle Grösse erreicht, so verholzt das Gehäuse rasch
in seiner oberen Hälfte und nimmt dort rothbraune Färbung an. Weiterhin schwindet grösstentheils das Chlorophyll
und die Stärke aus der unteren Hälfte. Während der Fertigstellung der Makrospore erscheint die Sporangienwand bereits
stark gedehnt und zwischen Sporenhaut und Sporocarpium-
Wandung flachgedrückt. Weiterhin schwindet diese Wand
vollständig, ausgenommen an ihrem oberen, freien Scheitel. Es
ist zu constatiren, dass die Warzen der Perine im Allgemeinen
mit dem Lumen, die Zwischenräume mit den Seitenwänden der
Wandungszellen des Sporocarpium-Gehäuses zusammenfallen.

Die schaumige Structur der Perine von Salvinia natans stimmt so sehr mit derjenigen der einen Massula in
dem Mikrosporangium derselben Pflanze überein, dass an
eine gleiche Entwicklungsgeschichte von vorn herein zu
denken war. Ein Gegensatz schien mir trotzdem früher zu
bestehen, da ich zu finden meinte, dass die schaumige Substanz im Mikrosporangium unmittelbar aus dem schaumigen
Plasma hervorgehe, die schaumige Substanz der Perine an
der Makrospore hingegen von einer umgebenden Plasmaschicht aus gebildet werde.[1] Dieser Gegensatz gleicht sich

1) Zellhäute p. 134.

nunmehr aus. Denn auch im Mikrosporangium wandert ja aus den zellenartigen Gebilden, in welche das Plasmodium sich sondert, die Substanz erst aus, die das Kammerwerk in den angrenzenden Hohlräumen bilden soll. — Um die junge Makrospore von Salvinia sammelt sich alsbald die Substanz des Plasmodiums zu einer dichteren Schicht an. Diese Schicht führt in regelmässiger Vertheilung die Zellkerne. Die übrigen Sporenanlagen sind, Heinricher's Angaben entsprechend, [1] nach der Peripherie verdrängt worden. Sie sammeln sich vornehmlich am Grunde der Makrospore und sind dort oft noch auf ziemlich vorgerückten Entwicklungszuständen anzutreffen. Wie ich in meinem Zellenbuche bereits angegeben hatte, geht die Perine an der Makrospore von Salvinia natans nicht aus unmittelbarer Differenzirung der Hüllplasma hervor, [2] wird vielmehr an dessen Innenfläche ausgebildet. Verfolgt man den Vorgang näher, so sieht man, wie zwischen das körnige, die Zellkerne führende Hüllplasma und die Exine, eine neue, kammerige, an Höhe zunehmende Schicht, die Perine, eingeschaltet wird. Die Körnchen der Hüllschicht zeigen während dieses Vorganges eine deutlich radiale Anordnung, und auch die Seitenwände der Kammern in der Perine sind zunächst annähernd radial orientirt. Unschwer gelingt es, an Alcohol-Material auf allen Entwicklungsstadien, das Hüllplasma von der Perine-Anlage abzuheben und so ist es auch in dem in Fig. 38 dargestellten Falle theilweise geschehen. Das Kammerwerk der Perine-Anlage gleicht durchaus dem Kammerwerk einer jungen Massula-Anlage und das Alcohol-Material zeigt auch

1) l. c. p. 505.

2) Heinricher glaubte dies in seiner gleichzeitig mit meinem Zellenbuche erschienenen Abhandlung annehmen zu müssen, l. c. p. 508; Juranyi hatte zuvor schon Aehnliches behauptet, Ueber die Entwicklung der Sporangien und Sporen von Salvinia natans 1873 p. 16.

dieselben Körner an den Kammerwänden (Fig. 38). Ebenso
wird diese Anlage in Eau de Javelle zunächst gelöst und
widersteht derselben erst nach der Fertigstellung. Im frischen
Zustande zerstört Wasser schon das junge Kammerwerk, ganz
ähnlich, wie wir das in den Massulae gesehen haben. In dem
Maasse, als die Perine an Höhe zunimmt, wird das Hüllplasma in dessen Bildung verbraucht. Im Grunde genommen
spielt sich der nämliche Vorgang wie bei Anlage der Kammern in den Massulae und der Perine von Azolla ab,
nur dass eine Ausbildung mit flüssiger Substanz erfüllter
Hohlräume nicht vorausgeht und hier gewissermaassen succedan entsteht. was dort simultan ausgebildet wird. Die
Kammern der Perine werden hier fortschreitend von innen
nach aussen erzeugt und so auch zugleich die Gallerte, die
sie füllt. Die der Anlage zugekehrte Innenfläche des Hüllplasma geht so succedan in die Structur der Perine ein und
erschöpft sich in derselben allmählich. Am Scheitel und
an der Basis der Makrospore pflegt die Perine in stärkerer
Schicht angelegt zu werden, dabei bildet sie sich am Scheitel
in drei Lappen aus. Diese Lappen sind bis auf den Grund
getrennt, weil das Hüllplasma den drei Leisten der Exine ent-
lang nicht in Thätigkeit tritt. Diese Stellen müssen sich in
der Aufsicht als Falten des Hüllplasma besonders markiren,
und hängt damit die Angabe von Juranyi von den drei
Plasmaplatten zusammen. die am Sporenscheitel zu beobachten
sind.[1] — Das Hüllplasma erscheint nach vollendeter Anlage
der Perine auf eine zarte Schicht reducirt, in der die Zellkerne liegen. An Orten, wo die Hüllschicht die Sporangiumwand nicht berührte, verbanden sie zarte Plasmabrücken mit
derselben. Alle diese Plasmareste und Zellkerne werden schliesslich resorbirt. erhärten auch wohl hier und da zu Strängen.

1) l. c. p. 17.

welche die Perine mit der Sporangiumwand verbinden. Währenddem nehmen die Kammern in der Perine-Anlage an Durchmesser zu, wobei sich deren Kammerwände verschieben. Die ursprünglich annähernd radiale Anordnung der Seitenwände dieser Kammern geht verloren, die körnigen Einschlüsse, die das Alcohol-Material zeigt, schwinden; die Kammerwände werden zugleich dicker, bräunen sich, und das Ganze erhält eine unregelmässig schaumige Structur.

Es ist wohl klar, dass die drei Lappen, welche die Perine an der Bauchfläche der Makrospore von Salvinia aufweist, den drei Schwimmkörpern an der Bauchfläche der Makrospore von Azolla entsprechen. Bei Azolla haben diese Schwimmkörper ja den nämlichen Bau, während an der Rückenfläche der Makrospore sich dort complicirtere Structurverhältnisse eingestellt haben. Da die verschiedenen Azolla-Arten im Bau ihrer Perine nicht unwesentlich von einander abweichen, so wird bei vorhandenem Material die Untersuchung über die ganze Gattung auszudehnen sein. Es wäre denkbar, dass sich dann in einzelnen Fällen eine weitere Annäherung an die Vorgänge bei Salvinia noch ergeben würde, namentlich vielleicht bei denjenigen Arten, die, wie Azolla pinnata und nilotica, die Perine an der Rückenfläche ihrer Makrospore zum Theil aus prismatischen Hohlräumen aufgebaut zeigen.

Die Vorgänge an der Makrospore von Salvinia vermitteln den Uebergang zu Marsilia, bei der die Bildung der Perine im Wesentlichen übereinstimmend um die Mikro- und Makrosporen vor sich geht. Ich kann für diese Vorgänge auf die Schilderung in meinem Zellenbuche verweisen[1]) und will hier nur das principiell Wichtige nochmals hervorheben. In den Mikrosporangien von Marsilia[2]) werden

---

1) 123 ff., und die Abbildungen auf Taf. VIII.
2) l. c. Taf. VIII, Fig. 128 bis 133.

uu die jungen Mikrosporen mit flüssiger Substanz erfüllte
Hohlräume ausgebildet, so dass diese Sporen nunmehr einzeln
in helle Blasen eingeschlossen erscheinen. Diese Blasen er-
reichen hier aber nur einen geringen Durchmesser. Ihre
Bildung auf Verquellung von Specialmutterzellwänden zurückzuführen, liegt ein stichhaltiger Grund nicht vor. In diese
Blasen dringt geformter Inhalt nicht ein, vielmehr wird die
Perine der Aussenfläche derselben aufgesetzt. Die Bildung
desselben erfolgt ganz in derselben Weise wie diejenige der
Perine an den Makrosporen von Salvinia. Das umgebende
Plasmodium zieht sich von der Oberfläche der Blase zurück,
mit gallertartiger Substanz erfüllte prismatische Hohlräume
zurücklassend. Die Wände, welche diese Räume seitlich abgrenzen, entsprechen durchaus den Kammerwänden in den
zuvor betrachteten Fällen; der Unterschied von Salvinia
ist hier thatsächlich nur darin gegeben, dass die Kammern
die ganze Höhe der in Bildung begriffenen Schicht einnehmen und eine regelmässige Vertheilung aufweisen. Diese
Kammerwände wachsen somit an ihrer Aussenkante durch
Ansatz immer neuer Hyaloplasmatheile aus dem angrenzenden Hüllplasma; gleichzeitig wird der Raum zwischen diesen
Wänden mit gallertartiger Substanz ausgefüllt. Ob diese
ausgeschieden wird oder durch Umwandlung bestimmter
Hyaloplasmatheile an Ort und Stelle entsteht, ist nicht festzustellen. Gegen Reagentien verhält sich die werdende Perine
ganz ebenso wie diejenige an der Makrospore von Salvinia,
und weist auch an Alcohol-Material längs der Kammerwände
dieselben körnigen Gebilde auf. Nachdem die Prismenschicht
ihre definitive Höhe, die an der Rückenfläche der Mikrospore
bedeutender als an der Bauchseite ist, erreicht hat, wird
die Hautbildung eine Zeit lang sistirt, worauf eine homogene,
farblose, stark quellbare Schicht, als äussere Perine-Schicht,
den Prismen aufgelagert wird. Das restirende Hüllplasma

dient nur noch zur Ernährung der Sporen, die alsbald so weit gewachsen sind, dass sie die Blase ausfüllen und mit ihrer Exine die Perine erreichen.

Ganz die nämlichen Vorgänge wie in den Mikrosporen spielen sich, im grösseren Maassstab, bei der Bildung der Perine der Makrosporen von Marsilia ab.[1] Eigenthümlich ist hier die sehr grosse Blase, die um die Makrosporen-Anlage gebildet wird. Schon ihre Grösse hätte von dem Gedanken abbringen müssen, dass es sich um die gequollene Mutterzellwand handle. Beim Aufreissen frischer Makrosporangien von entsprechendem Entwicklungszustand tritt aus solchen Blasen eine starklichtbrechende Flüssigkeit in das umgebende Wasser hervor, um sich in demselben zu vertheilen. Die Anlage der Makrospore füllt bei weiterem Wachsthum die Blase völlig aus, wobei die Wand der Makrospore so stark ausgedehnt wird, dass sie sich kaum mehr nachweisen lässt. Zuvor hat aber schon die Bildung der Perine begonnen. Zu diesem Zweck hat ein Theil der Masse des Plasmodiums sich sammt den Zellkernen der Oberfläche der Blase angelagert und ist dort in die Bildung derselben Prismaschicht eingetreten, wie wir sie an den Mikrosporen, gesehen. Die Prismen sind auch hier mit gallertartiger Substanz erfüllt, doch von wesentlich weiterem Durchmesser; das erleichtert den Verfolg ihrer Entwicklung, für welche ganz dasselbe wie für die Perine der Mikrosporen gilt. Aufblicke lassen die Prismaschicht als ein regelmässiges Netzwerk mit meist fünf- bis sechseckigen Maschen erscheinen. Dass diese in Bildung begriffene Perine vom Wasser desorganisirt wird, darauf hat schon Russow hingewiesen.[3]

---

1) Vgl. Zellhäute, Fig. 134 bis 149, Taf. VIII.

2) Vgl. Russow, Vergleichende Untersuchungen etc. Mém. de l'Acad. imp. d. sc. nat. de St. Pétersbourg, VII. Ser. Bd. XIX. Nr. 1 1872. p. 53.

3) l. c. p. 56.

Nach Fertigstellung der Prismaschicht folgt, auch hier erst
nach einiger Ruhezeit und nachdem die Wände der Prismen
sich zu bräunen begonnen, die Anlage einer äusseren homogenen Haut, die am Scheitel der Makrospore besonders kräftig
entwickelt, deutlich lamellös ist, und sich mit Chlorzinkjodlösung auch leicht blau färben lässt. Diese Schicht dürfte
somit aus einer der Cellulose nahe verwandten Substanz
bestehen, zeichnet sich dabei durch sehr starke Quellbarkeit aus. Der lamellöse Bau lässt vermuthen, dass diese
Schicht aus der Metamorphose auf einander folgender, apponirter Plasmalamellen hervorgegangen ist, doch muss ich den
Nachweis hierfür schuldig bleiben. — Die sonstige Uebereinstimmung gestattet die Annahme, dass auch die homogene
Aussenschicht der Perine an der Mikrospore denselben Ursprung habe, wenn es mir auch nicht gelingen wollte, einen
lamellösen Bau in derselben nachzuweisen und deren Blaufärbung hervorzurufen. Instructiv ist es gewiss zu beachten,
dass es das nämliche Hüllplasma ist, das um die Mikrosporen
wie um die Makrosporen, nach einander zwei so verschiedenen
Hautgebilden den Ursprung giebt. Dem Wesen nach ist es
übrigens die nämliche Erscheinung, wie sie sich im Innern von
Sporen- und Pollenzellen abspielt, wenn vom Protoplasten
derselben aus zunächst die Exine, dann die Intine gebildet
wird. — In der Bildung der homogenen Aussenschicht der
Perine erschöpft sich das Hüllplasma um die Makrospore:
ein bleibender Rest, sammt Zellkernen, wird schliesslich resorbirt. Nach vollendeter Anlage nimmt die Prismaschicht
auch hier an Volumen zu, indem das Lumen ihrer Prismen
wächst, deren regelmässige Gestalt zum Theil verloren geht.
Die Aufsicht zeigt die seitliche Abgrenzung der Prismen
schliesslich in Gestalt eines welligen Netzes.[1])

1) l. c. Taf. VIII, Fig. 147. 148.

Pollenhäute.

Um die wichtigen an den Sporenhäuten der Hydropterideen gesammelten Erfahrungen reicher, treten wir jetzt an die Entwicklungsgeschichte anderer pflanzlicher Membranen heran. Wir wenden uns zunächst an die Pollenhäute, und zwar diejenigen der Onagrarieen, weil dieselben die bei Hydropterideen gewonnenen Resultate nach gewissen Seiten hin am besten ergänzen.

Ich untersuchte zunächst Oenothera biennis, prüfte dann auch nochmals die auch früher schon von mir studirten Objecte.

Die jungen Pollenzellen der Oenothera biennis umgeben sich innerhalb der Tetrade mit eigener, zarter Haut: der Exine, wobei wieder, wie auch sonst so häufig, die späteren Austrittsstellen gleich aus einer von der übrigen Haut verschiedenen, durch stärkere Quellbarkeit ausgezeichneten Substanz gebildet werden. Wie in anderen Fällen liegen diese Austrittsstellen im Aequator des Korns, an der Grenze zwischen Bauch- und Rückenfläche (Taf. IV, Fig. 53), und zeigen die Gestalt linsenförmiger, biconvexer Körper. Während die jungen Pollenkörner durch Auflösen der Tetradenwände frei werden, nimmt ihre Exine an Dicke zu, wobei alsbald eine Differenzierung derselben in zwei Schichten, eine Aussen- und Innenschicht, kenntlich wird. Diese Sonderung unterbleibt nur an den linsenförmigen Austrittsstellen, welche gleichzeitig in die Dicke wachsen und auch an Umfang gewinnen, so dass sie mit ihrem Rande nicht gequollene Wandtheile zu decken beginnen (Fig. 54.) Diese Deckung verhindert nicht ein eben solches Dickenwachstum jener Wandtheile wie der in unmittelbarem Contact mit dem Cytoplasma befindlichen (Fig. 54.) Diese Thatsache wird auf späteren Entwicklungszuständen noch auffallender (Fig. 55 ff.).

Die linsenförmigen Austrittsstellen, die Zwischenkörper, wie
man sie genannt hat, drängen sich in der Folge stark aus
dem Pollenkorn hervor (Fig. 55, ff.), sie bilden papillöse
Vorsprünge an demselben. Da die Verdickung der von den
Zwischenkörpern gedeckten ungequollenen Theile der Exine
fortdauert, so kann die zu deren Ernährung verwandte Substanz nur aus der Entfernung stammen. Dieses wird besonders auffällig, wenn die Bildung einer stäbchenförmig differenzirten Mittelschicht, durch welche Aussen- und Innenschicht der Exine getrennt werden, beginnt. Diese Mittelschicht tritt in den von den Zwischenkörpern gedeckten Partien ganz eben so stark wie an anderen Orten (Fig. 58) auf.
Da constatirt man nun aber auch, dass von dem Cytoplasma
des Pollenkornes aus feinkörnige Substanzmassen in die
Gallerte der Zwischenkörper einwandern, sich in derselben
vornehmlich längs der zu ernährenden Wandtheile hinziehend.
Behandelt man diese Objecte mit Salpetersäure und Ammoniak,
so erhält man Gelbfärbung der eingewanderten Massen und
der Exine, und man weist zugleich auch feine Verbindungs-
stränge zwischen den Körnchen nach. Es gelingt manchmal,
einzelne solcher Stränge quer durch die ganze Gallerte der
Papillen zu verfolgen.

Wie entsprechende Behandlung lehrt, bestehen die
Zwischenkörper nicht ihrer ganzen Masse nach aus gleich
dichter Substanz. Die zuerst, noch innerhalb der Specialmutterzellen, gebildeten Theile unterscheiden sich durch etwas
schwächere Tinctionsfähigkeit im Congoroth und durch grössere
Widerstandskraft gegen concentrirte Schwefelsäure, von den
zunächst ausschliessenden Verdickungsmassen; dann folgt ein
Abschluss aus stärker lichtbrechender Substanz (Fig. 55),
der während seiner Dickenzunahme noch einen inneren,
mehr körnigen, doch weniger dichten, und einen äusseren,
mehr homogenen, dichteren Abschnitt erkennen lässt. Diese

letztgebildeten, scheibenförmigen Abschnitte zeigen in der
Aufsicht zugleich, dass sie an den Rändern wesentlich
dichter als in der Mitte sind. Die weniger dichte Mitte ist
es, die vornehmlich von der körnigen Substanz durchsetzt
wird, deren Körner oft deutlich reihenweise Anordnung
zeigen. Auf vorgerückten Entwicklungsstadien sammeln sich
die Körner an der Aussenseite der Scheibe (Fig. 58) und
steigen von da aus in dünner Lage an den Seitenwänden
der Papillen empor. — Zu der Zeit, wo die Abschlussscheiben
gebildet werden, ist die Gallertmasse der Zwischenkörper
besonders quellbar. Sie nimmt Wasser aus der Umgebung
auf, durchbricht den Scheitel der Papille und ergiesst sich nach
aussen. Die Papillen sinken hierbei zusammen (Fig. 56, 57).
Während der Ausbildung der Mittelschicht nimmt die Quellbarkeit der Aussenschicht der Exine in Reagentien zu, sie
trennt sich alsdann sammt der stäbchenförmigen Mittelschicht
von der Innenschicht und schlägt zahlreiche Falten (Fig. 58,
59, 60). Die Innenschicht der Exine zeichnet sich, der
Aussenschicht gegenüber, durch stärkeren Lichtglanz aus.
An der Basis der Papillen weist die Innenschicht einen ringförmigen Vorsprung auf, der aber nur in ganz bestimmten
Entwicklungszuständen sich scharf markirt (Fig. 58).

Die Grössenzunahme der Pollenkörner von Oenothera
biennis ist während ihrer Ausbildung eine sehr bedeutende,
wie der Vergleich meiner Figuren, die alle bei derselben
Vergrösserung entworfen sind, lehrt. Es findet also eine er-
giebige Massenzunahme aller Hauttheile statt, die hier sicher,
wie wir das ja auch gesehen haben, nur durch Einwanderung neuer Substanzmassen möglich ist. — Die Abschlussscheiben der Papillen geben, so wie alle festen Theile der
Exine, ausgeprägte Gelbfärbung mit Salpetersäure-Ammoniak.

Nachdem die Exine-Bildung der Hauptsache nach vollendet ist, wandern die Tapetenzellen zwischen die Pollen-

körner ein und diese füllen sich mit Plasma. Dann folgt die Kerntheilung, worauf unter den Austrittspapillen die Intine angelegt wird (Fig. 59). Sie tritt in Gestalt je einer planconvexen Linse aus glasheller Substanz auf, welche in Folge ihrer Quellbarkeit stark nach innen zu vorspringt. Eine deutliche Cellulose-Reaction ist an derselben zunächst nicht zu erlangen. Ich habe weder beim Studium der Anlage der Intine, noch auf Querschnitten durch fertige Pollenkörner constatiren können, dass die Intine als zusammenhängende Haut den ganzen Plasmakörper umgebe; sie keilt sich vielmehr an ihren Rändern aus und läuft in eine zarte Membran aus, welche etwa in der Gegend endet, in der zuvor der ringförmige Vorsprung an der Innenschicht der Exine zu constatiren war (Fig. 59). Nach Anlage der Intine beginnt sich alsbald der Plasmakörper des Pollenkorns vorzuwölben und in die Substanz der Austrittspapillen einzudringen. Er durchbricht in der Mitte die Abschlussscheibe der Papille und wächst in die gallertartigen Theile derselben hinein. Hierbei zeigt er sich deutlich von der Intine umgeben. Die Abschlussscheibe wird bis auf ihre randständigen, resistentesten Theile verdrängt, letztere bleiben als ein unregelmässig vorspringender, zackiger Ring an der Innenschicht der Exine stehen. Von diesem Ring lässt sich annehmen, dass er als Ansatzstelle für die Intine dient, welche so an ihrem inneren Rande leicht eine entsprechende Befestigung findet. Von jetzt ab gelingt es mit Chlorzinkjod die Intine deutlich blau, wenn auch nur in hellen Tönen, zu färben. Alsbald hat die Intine die ganze Substanz der Austrittpapillen verbraucht und die festen Theile der Exine erreicht (Fig. 61), womit der fertige Zustand des Pollenkorns gegeben ist. Auf Querschnitten sieht die Haut an den Austrittsstellen so aus, wie es unsere Fig. 62 zeigt, wobei oft geschieht, wie es auch in unserer

Figur zu sehen, dass die Aussenschicht der Exine, sammt
Stäbchen, von der Innenschicht durch das Messer abgelöst wird.
Lässt man Chlorzinkjodlösung auf die verschiedenen Entwicklungszustände der Pollenhaut einwirken, so constatirt
man, dass die zuerst gebildete, noch nicht in eine Aussen-
und Innenschicht differenzirte Haut sammt den linsenförmigen
Zwischenkörpern mehr oder weniger deutlich die Cellulose-
Reaction giebt. Nach erfolgter Spaltung der Haut bleibt
die äussere Schicht bei Chlorzinkjodbehandlung zunächst
farblos, während die innere rasch in braunen Tönen sich
färbt. Die Substanz der Zwischenkörper nimmt violett-
bräunliche Nuancen an, wobei die zuerst erzeugten linsenförmigen Theile heller bleiben. Die Innenschicht der Exine
wird bei fortschreitender Verdickung ausgeprägt gelbbraun
gefärbt, so weiterhin auch die Aussenschicht und sehr prägnant auch, von ihrem ersten Auftreten an, die stäbchenförmig differenzirte Mittelschicht. Sehr dunkelbraune Färbung zeigen endlich auch die Abschlussscheiben der Papillen
und zwar vornehmlich in ihren Randtheilen. — Ganz entsprechend der Gelbbraunfärbung durch Chlorzinkjodlösung
schreitet die Gelbfärbung mit Salpetersäure-Ammoniak und
die Gelbfärbung durch concentrirte Schwefelsäure fort. Die
ganz jungen Pollenkörner bleiben nach Behandlung mit Salpetersäure und Ammoniak, sowie nach Behandlung mit concentrirter Schwefelsäure farblos, weiter folgen die Farben-
erscheinungen an denselben Theilen der Wand, in derselben
Reihenfolge und mit derselben relativen Intensität, wie wir
sie für die Gelbraunfärbung mit Chlorzinkjodlösung angegeben haben. Der Hochgelbfärbung in Schwefelsäure geht
auf jüngeren Entwicklungsstadien eine bräunlich-gelbe Färbung voraus. Parallel den geschilderten Tinctionen läuft
auch diejenige mit Millon's Reagens, die deutlich ziegel-
roth-braune Farbentöne ergiebt. Die Mittelschicht und die

Ränder der Abschlussringe sind die stärkst gefärbten Partien. Noch instructiver ist endlich die Behandlung mit Eau de Javelle, welche die sich mit Chlorzinkjodlösung, Salpetersäure-Ammoniak und Millon's Reagens am stärksten färbenden Partien am meisten angreift. Es bleibt nach längerer Eau de Javelle-Einwirkung auf die Pollenhaut mittlerer Entwicklungsstadien schliesslich nur ein Skelett zurück. das vornehmlich aus der Aussen- und Innenschicht der Exine besteht. Die Mittelschicht wird fast vollständig herausgelöst.

So lässt sich denn in der Entwicklung der Pollenhaut bei Oenothera biennis sicher constatiren. dass das Cytoplasma neben und nach einander verschiedene Membranstoffe bildet und dass gebildete Membranen durch Einwanderung neuer Substanz nachträglich verändert werden. Die Anlage und das Wachsthum der Haut beruhen hier, wie sich das aus der combinirten Berücksichtigung der Entwicklungsgeschichte und der Reactionen ergiebt, zunächst auf der Bildung einer zarten Membran und ihrer linsenförmigen Zwischenkörper aus der Aussenschicht des Plasmakörpers. dann auf einer Verdickung der Zwischenkörper durch Apposition und ihrem weiteren Wachsthum durch Einwanderung neuer Substanzmassen, und in einer Dicken- und Flächenzunahme, so wie innerer Structurdifferenzirung der übrigen Theile der Exine durch Substanzeinwanderung. Dass die letzt gedachten Hauttheile hier von Anfang an in solcher Weise wachsen, das zeigt unzweifelhaft das Verhalten ihrer von der Substanz der Zwischenkörper gedeckten Partien. Den Schluss stellt die Anlage der Intine vor, welche nur unter den Zwischenkörpern entsteht und eine unabhängige Neubildung ist.

Die anderen den Onagrarieen entnommenen Beispiele, die in meinem Zellhautbuche [1]) Behandlung fanden, lassen

---

1) l. c. p. 95 ff.

sich nun im Anschluss an Oenothera biennis unschwer deuten.
Die dort gegebenen Figuren sind auch richtig, bis auf den
Umstand, dass ich die Anlage der Intine übersah und den
in die Austrittspapille vordringenden Pollenschlauch von der
Substanz derselben umgeben glaubte. Oenothera rosea,
welche ich damals untersuchte, verhält sich fast ganz ebenso
wie Oenothera biennis; das Einwandern von Körnchen in
die Substanz der Austrittspapillen ist dort fast noch auffallender; die Verschlussscheibe, fast gleichmässig in ihrer
ganzen Dicke entwickelt, ebenfalls deutlich von körnigen
Streifen durchsetzt. Die Stäbchenschicht ist bei Oenothera
rosea schwächer ausgebildet, dagegen setzen sich unregelmässige körnige Vorsprünge an der Innenfläche der Innenschicht
innerhalb der Papillen bis gegen den Scheitel derselben fort.

Bei Gaura biennis[1]) sind es quere, leistenförmige Vorsprünge, welche jenseits der Abschlussscheiben von der in
die Papillen eingedrungenen Substanz der Innenfläche der
Exine aufgesetzt werden. Nachdem der Pollenschlauch die
Papille ausfüllte, erscheint daher der Ring, wie die jenseits
derselben liegenden Wandtheile, mit Vorsprüngen versehen,
die im optischen Durchschnitt wie die Zähne eines Kammes
aussehen und gegen den Scheitel der Papille zu allmählich
an Höhe abnehmen. Dass alle solche Vorsprünge dazu beitragen werden, die an ihrer Spitze einer fortgesetzten Dehnung unterworfenen Intine an ihren Ansatzstellen innerhalb
des Kornes zu fixiren, ist ohne Weiteres klar. Gaura biennis
ist vielfach mit mehr als drei im Aequator vertheilten Austrittsstellen versehen. Die stäbchenförmige Mittelschicht wird
bei Gaura biennis nur schwach entwickelt, die Scheibe, welche
den Abschluss der Papillen bildet, entspricht derjenigen von
Oenothera rosea.

1) l. c. p. 95 und Taf. VI, Fig. 39—55.

Mit Gaura biennis habe ich auch alle dieselben Reactionen wie mit Oenothera biennis durchgenommen. In
beiden Fällen decken sich die Erscheinungen, so dass ich
deren Schilderung hier nicht wiederholen will. Bemerkt sei
nur, dass die Cellulose-Reaction mit Chlorzinkjod an der
jungen Pollenhaut und ihren Zwischenkörpern hier leichter
gelingt und deutlicher ist als bei Oenothera, und dass die
an der Innenschicht der Exine, innerhalb der Papillen, auftretenden, bei Oenothera biennis fehlenden Leisten vom
Augenblicke ihres Auftretens an durch Chlorzinkjodlösung
intensiv gelbbraun gefärbt werden.

Für Epilobium Dodonaei brauche ich im Wesentlichen
nur zu wiederholen, was ich in meinem Zellhautbuche[1]) gesagt habe und auf die dortige Figur[2]) zu verweisen. Die
drei Austrittsstellen werden ganz ebenso wie bei Oenothera
angelegt, dann durch eine Scheibe abgeschlossen, die dichter
in ihrem nach aussen gekehrten Theile ist. Die cutinisirenden Theile der Exine nehmen an Dicke zu, auch in den
von der Substanz der Austrittspapillen verdecken Stellen, und
erfahren auch eine Spaltung in eine Aussen- und Innenschicht,
zwischen welche eine nur sehr schwache Stäbchenschicht eingeschaltet wird. Das Einwandern körniger Substanz in
den äusseren Theil der Papillen ist hier ganz besonders auffallend. Der dichtere Theil der Abschlussscheibe wird nach
der Mitte zu dünner, wobei diese Scheibe an ihrer Aussenseite stark concav erscheint. Im Umkreis des inneren, weniger
dichten Theiles der Abschlussscheibe werden der Innenschicht der Exine quere Leisten nach Art derjenigen von
Gaura aufgesetzt. Ebensolche, wenn auch schwächere Leisten,
bilden sich auch weiter nach aussen innerhalb der Papille
Die Abschlussscheibe reicht hier sehr tief in das Zelllumen

1) l. c. p. 99.
2) Taf. VII, Fig. 65.

hinein, bis an diejenige Stelle, welche sich bei Oenothera biennis als ringförmiger Vorsprung zeichnet. Auch hier wird hierauf die Intine unter den Papillen angelegt und letztere durch den vordringenden Schlauch ausgefüllt.

Um Wiederholungen zu vermeiden, will ich nur bemerken, dass auch bei Clarkia elegans,[1]) unter sonst übereinstimmenden Verhältnissen, eine Abschlussscheibe an den Papillen angelegt wird, die im Innern weniger dicht ist,[2]) was, bei der späteren Durchbrechung, zwei Ringe am Grunde der Papillen giebt. Die Innenfläche der Exine innerhalb der Papillen bleibt bei Clarkia elegans glatt; eine Trennung der Exine in eine Aussenschicht und Innenschicht wird vollzogen, doch unterbleibt die Ausbildung einer mittleren Stäbchenschicht. Dessenungeachtet trennt sich unter dem Einfluss der Reagentien die stärker quellende Aussenschicht leicht von der Innenschicht. Körnige Bildungen in den Abschlussscheiben und längst der Wände in den Papillen lassen erkennen, in welcher Weise auch bei Clarkia die das Wachsthum der Wand vermittelnde Ernährung vor sich geht.

In seiner Arbeit über die Entwicklungsgeschichte der Pollenkörner der Angiospermen[3]) sucht Wille zu zeigen, wie namentlich bei Onagrarieen die Appositionstheorie nicht ausreiche, um die Wachsthumvorgänge der Pollenhaut zu erklären.[4]) Die Einwände als solche sind berechtigt, die Schilderung, welche Wille hierauf von der Entwickelung der Pollenhaut von Oenothera biennis giebt, ist aber weniger

---

1) Vgl. Zellhautbuch p. 98 und Taf. VI, Fig. 61—64.

2) Das Weitere über den Bau dieser Scheiben ist l. c. zu vergleichen.

3) N. Wille, Ueber die Entwicklungsgeschichte der Pollenkörner der Angiospermen und das Wachsthum der Membran durch Intussusception, Christiania 1886.

4) l. c. p. 12.

zutreffend. Wille bemerkt es nicht, dass die Pollenkörner
schon innerhalb der Specialmutterzellwände die linsenförmigen
Austrittsstellen anlegen. Bei ganz jungen Pollenkörnern soll
die Wand ganz einfach sein, aber wenig später sich in drei
Schichten spalten, deren wasserreichste, innere, an drei Stellen
besonders zunimmt. Die Substanz dieser Stellen soll alsdann
an Höhe und Breite gewinnen und wasserhaltiger werden,
was man sich nur durch Einlagerung von neuen Micellen mit
grossen Wasserhüllen erklären könne. „Durch die starke
Einlagerung von Micellen mit grossen Wasserhüllen wird zuletzt der alte Micellarbau in der Zwischensubstanz zerstört,
welche zuerst ein körniges Aussehen annimmt, indem noch
eine losere Micellarbindung besteht; aber zuletzt wird diese
gänzlich sowohl in der eigentlichen Zwischenschicht wie in
der sie nach innen zu begrenzenden Membranlamelle gesprengt und die dort angesammelten mehr oder minder des-
organisirten Cellulosemicellen werden nun vom Protoplasma
aufgenommen, welches sich so ganz in die Ausbuchtungen
hinausdrängen kann." So werden die sich hier abspielenden
Erscheinungen auf Grund der Intussusceptions-Theorie erklärt. Von der Ausbildung der stäbchenförmigen Mittelschicht in der Haut ist weder in der Beschreibung noch in
den Abbildungen etwas zu finden; ebenso wird das Wachsthum der Haut an den Seiten der Papillen nicht bemerkt,
welches ganz besonders gegen die Appositionstheorie in's
Feld hätte geführt werden können, aber auch schwer mit
Hülfe grosser und kleiner Cellulose-Micellen seine Erledigung
fände. Wie nämlich ohne Betheiligung lebendiger Stubstanz,
die wir in die Haut einwandern lassen, diese grossen und
kleinen Micellen sammt Wasserhüllen ihren Weg durch die
Zwischensubstanz bis zur Haut finden, in diese eindringen und
dort bestimmte Structurirung veranlassen sollten, wäre schwer
zu erklären. Wie Wille weiter dazu gelangt, die Innen-

schicht der Exine als Intine zu bezeichnen,[1]) mag dahingestellt bleiben.

Die bei den Onagrarieen gesammelten Erfahrungen sollen uns die, so hoffe ich, richtige Deutung des Wachsthums auch solcher Pollenkörner erleichtern, die mit Auswüchsen auf ihrer Oberfläche versehen sind. Wir wenden uns zunächst an den Senecio-Pollen.

Die Pollenkörner von Senecio vulgaris sind ellipsoidisch, im trocknen Zustande an drei, um je ein Drittel des Umfangs auseinander liegenden, meridian verlaufenden Streifen eingefaltet. Innerhalb der Falten im Aequator des Korns wölbt sich die Pollenhaut papillenartig vor, die Austrittsstellen für den Pollenschlauch bildend. Den besten Einblick in den Bau der Pollenhaut erhält man in Chloralhydratlösung, namentlich wenn man Alcohol-Material und nicht völlig reife Pollenkörner zur Betrachtung wählt. Unser Bild 8, Taf. III, ist nach einem solchen Präparat entworfen und stellt den optischen Durchschnitt eines Pollenkorns bei aufrecht stehender Längsachse dar.[2]) Die Pollenhaut weist zwei getrennte Schichten auf, die innerhalb der Falten sich zu einer einzigen Membran vereinigen. Die Choralhydratlösung veranlasst, besonders an dem noch nicht völlig ausgereiften Korn, eine ungleiche Quellung der beiden Schichten, wodurch diese von einander getrennt werden und um so deutlicher in die Erscheinung treten. Die Aussenschicht ist mit scharf zugespitzten Stacheln bedeckt, die in der oberen Hälfte homogen erscheinen, in der unteren hingegen von körnigen Streifen durchsetzt sind, welche nach der Oberfläche der Stacheln zu ein wenig divergiren. Von oben gesehen erscheinen diese

---

1) l. c. p. 16.

2) Für das Bild eines ganzen Pollenkorns von Senecio vulgaris vgl. die Figur 99 auf Taf. VII. meines Zellenbuches, die Beschreibung ebenda. p. 105.

Streifen als dunkle, im Innern des Stachels vertheilte Punkte. Die Innenschicht der Haut zeichnet sich durch stärkere Lichtbrechung von der äusseren aus und verräth eine mehr oder weniger deutliche radiale Streifung. Zwischen den Stacheln zeigt die Aussenschicht dieselbe Structur wie die Stachelbasis (Fig. 8). Während die Aussenschicht in der Choralhydratlösung vornehmlich an Flächenausdehnung gewinnt, nimmt die Innenschicht in radialer Richtung an Dicke zu. Sie erscheint als eine stark lichtbrechende, homogene Haut, in welcher Schichtung und Streifung nicht zu erkennen sind. Innerhalb der Falten zeigt die einfache Haut, zu welcher beide Schichten verschmolzen sind, die Dicke und Beschaffenheit der Innenschicht. Die Ausstülpungen dieser Haut im Aequator, die zur Pollenschlauchbildung dienen sollen, verquellen im Chloralhydrat sehr bald, so zwar, dass nur ein dünnes, innerstes Grenzhäutchen von derselben zurückbleibt. So ist es auch an zwei der Ausstülpungen in Fig. 8 dargestellt, während an der dritten das Bild nach einer etwas höher gelegenen Stelle der Falte, oberhalb der Ausstülpung, ausgeführt wurde.

Diese Schilderung dürfte zur Orientirung vor Eintritt in die entwicklungsgeschichtliche Untersuchung genügen.

Zu diesem Zwecke diente vornehmlich frisches Material, dass ich mit concentrirter Salpetersäure, respective concentrirter Schwefelsäure, behandelte. Meridiane Längsschnitte durch entsprechend junge Blüthenköpfchen wurden in einen Tropfen der concentrirten Säure gelegt, mit Deckglas bedeckt und nach einiger Zeit letzteres mässig angedrückt. Die einzelnen, durch die Säure erweichten Blüthen treten bei solchem Druck leicht aus einander und sind unter der Einwirkung der Säure auch so durchsichtig geworden, dass die Untersuchung des Antheren-Inhalts keine Schwierigkeit mehr bereitet. Unter Umständen wurde der Druck bis zu theil-

weiser Befreiung des Inhalts der Staubfächer gesteigert.
Die Säuren fixiren den Inhalt der Staubfächer so weit als
nöthig, und führen die jungen Pollenkörner unversehrt der
Beobachtung zu. Das Studium der jüngsten, noch von den
Mutterzellen umschlossenen Entwicklungszustände wurde
hingegen an frischem Material in Wasser und an Alcohol-
Material in Glycerin vorgenommen, da die Mutterzellwände
in den Säuren sofort verquellen.

Zunächst ist leicht festzustellen, dass die Membran der
Specialmutterzellen an der Bildung der Pollenhaut nicht betheiligt ist. Die innerste Membranschicht der Specialmutterzellen markirt sich hier überhaupt nur schwach und widersteht der Auflösung nur wenig länger als deren übrige
Theile. Hingegen gelangt man zu dem Ergebniss, dass es
auch hier die Hautschicht der Pollenzelle selbst ist, die
sich in die Membran verwandelt (Taf. III, Fig. 1). Namentlich
sieht man dies gut an Alcohol-Material an Orten, wo sich der
Zellinhalt partiell von der werdenden Zellhaut zurückgezogen
hat (Fig. 1, rechts). Das von der zarten Membran umgebene
Pollenkorn beginnt sich sofort, dem fertigen Zustande gemäss, innerhalb meridian vertheilter Streifen zu falten. Es
hängt dies mit einer ungleichen Ernährung der jungen Haut
zusammen. Zwischen den drei sich einfaltenden Streifen ist
das Flächen- und Dickenwachsthum der Haut stärker und
wölbt sich dieselbe daher an jenen Stellen vor. Auf die
Dickenzunahme der Haut zwischen den eingefalteten Stellen
folgt dort auch eine Spaltung derselben in zwei Schichten.
Es ist dies leicht bei Anwendung von Salpetersäure oder von
Schwefelsäure zu constatiren (Fig. 2). wo die beiden Schichten
quellend auseinander treten. Die Spaltung unterbleibt an
den gefalteten Stellen, so dass die beiden getrennten Schichten
der übrigen Haut dort zusammenlaufen. Es sind das fast
die nämlichen Verhältnisse, wie sie uns in den Pollenkörnern

der Onagrarieen entgegengetreten sind und weisen sie hier auf
die nämlichen Vorgänge hin. Namentlich entspricht das hier
gegebene Verhalten demjenigen von Clarkia elegans, wo eine
Trennung der Pollenhaut in eine Aussen- und Innenschicht
ohne Differenzirung einer Mittelschicht erfolgt. Es ist klar,
dass uns somit auch bei Senecio vulgaris in der doppelt zu-
sammengesetzten Haut nur eine Exine entgegensteht. Sofort
nach stattgefundener Spaltung der Exine beginnt an deren
Aussenfläche die Anlage der Stacheln, als kleiner punkt-
förmiger Erhöhungen (Taf. III, Fig. 2). Die Dicke der Innenschicht und so auch der eingefalteten Stellen nimmt hierauf
rasch zu. Nächstfolgende Entwicklungszustände (Fig. 3, 4, 5),
in concentrirter Schwefelsäure untersucht, zeigen alsdann wieder eine Dickenzunahme der Aussenschicht. ungeachtet dieselbe durch die Innenschicht vom protoplasmatischen Zellkörper
getrennt ist. Ich glaubte früher, im Hinblick auf die bei Hydropterideen gesammelten Erfahrungen, für solche Vorgänge in
allen Fällen die Thätigkeit der umgebenden Tapetenzellen in
Anspruch nehmen zu können; doch kleiden diese Tapetenzellen
bei Senecio vulgaris noch intact die Wände des Faches zu einer
Zeit aus, in welcher die Stacheln an der Pollenhaut eine nicht
unbedeutende Grösse bereits erreicht haben. So waren die Tapetenzellen noch unverändert in ursprünglicher Lage zu sehen,
als die Pollenkörner das Stadium der Figur 4 erreicht hatten.
Es kann sich somit auch hier nur um Bildungsvorgänge handeln, die durch Substanzeinwanderung vom Innern des Pollenkornes aus bedingt werden, und da hierbei neue, zuvor nicht
vorhandene Structuren auftreten, so kann es nur lebendige
Substanz sein. welche diesen Vorgang vermittelt. Diese
lebendige Substanz muss die Innenschicht der Exine durchwandern, um in die Aussenschicht zu gelangen. So kommt
es denn auch. dass die junge Pollenhaut vom Beginn ihres
Dickenwachsthums an die Reactionen giebt, die cutinisirten

Membranen eigen sind und die in so vielen Reactionen mit den Protein-Substanzen übereinstimmen.

Die an der Exine zunächst sichtbar werdenden Stachelanlagen sind homogen: sie repräsentieren die Spitzen dieser Gebilde. Bei weiterer Grössenzunahme werden erst unter den homogenen Spitzen die von körnigen Strängen durchsetzten basalen Theile angelegt. Zugleich mit letzteren bildet sich auch zwischen den Stacheln die von eben solchen Strängen durchsetzte äussere Lage der Aussenschicht der Exine aus. Die innere Lage dieser Aussenschicht nimmt währenddem auch an Dicke zu und verräth radiale Streifung, die jedenfalls der Ausdruck ist für zahlreiche feine, diese Hautlage durchsetzende Poren. Ebenso wächst zusehends die Dicke der Innenschicht der Exine. Ein junges Pollenkorn in demjenigen Entwicklungsstadium, das Figur 5 uns vorführt, zeigt eigentlich bereits in der Anlage den ganzen späteren Bau der Pollenhaut; die vorhandenen Theile brauchen nur noch an Masse zuzunehmen, um den Zustand der reifen Pollenhaut (Fig. 6, 8, 9) zu erreichen. Die Intine ist kurz vor der Reife des Pollenkorns besonders quellbar, wie es das in Chloralhydratlösung liegende Pollenkorn der Figur 7 zeigt. Das starke Auseinanderweichen der beiden Häute macht solche Entwicklungsstadien sehr instructiv. Etwa auf dem Zustande der Figur 5 wandern die Tapetenzellen zwischen die Pollenkörner ein und dienen zu ihrer Ernährung. Aus dem Inhalt dieser Tapetenzellen werden auch zahlreiche, orangerothe Oeltropfen erzeugt, welche auch der Aussenschicht der Exine, die Stachelspitzen ausgenommen, eine gelbe Färbung ertheilen. Durch längeres Liegen in Alcohol wird die Exine entfärbt.

Die Aussenschicht wie die Innenschicht der Exine nehmen, mit Salpetersäure-Ammoniak behandelt, intensiv gelbe Färbung an. Besonders kräftig färben sich die körnigen Stränge

an der Aussenschicht, am schwächsten an denselben die
Stachelspitzen. Mit Millon's Reagens tritt die charakteristische Rothfärbung ein in derselben Abstufung. Rosa-
färbung mit Zucker und Schwefelsäure wollte hingegen nicht
gelingen. Ebenso wenig eine Färbung mit dem neuen, von
Krasser empfohlenen Reagens auf Eiweisskörper, dem
Alloxan.[1]) Die Benutzung dieses Reagens gab ich überhaupt
alsbald auf, weil sich dasselbe als wenig geeignet für mikrochemische Zwecke, selbst bei unzweifelhaftem Vorhandensein
von Eiweisskörpern, erwies. Von concentrirter Schwefelsäure
wird auch die Innenschicht der Exine auf keinem Entwicklungszustand angegriffen; ihr widersteht auch die Membran
im Bereich der Falten, welche überhaupt in ihren Reactionen
der Innenschicht gleicht. Es werden in der Schwefelsäure
nur die Austrittspapillen gelöst, die auch in Kupferoxydammoniak schwinden und auch, wie schon früher erwähnt, in
Chloralhydratlösung verquellen. Cellulose-Reaction mit Jod
und Schwefelsäure ist auch an der Innenschicht der Exine
nicht mit Deutlichkeit zu erzielen, vielmehr nehmen Aussenschicht wie Innenschicht hierbei alsbald rothbraune Färbung
an. Am schwächsten gefärbt zeigen sich hierbei wiederum
die Stachelspitzen. Auch an Austrittspapillen wollte sichere
Cellulose-Reaction nicht gelingen.

Aus der Entwicklungsgeschichte und dem mikrochemischen Verhalten geht wohl zur Genüge hervor, dass auch
die Pollenhaut von Senecio vulgaris durch Einwanderung
von Substanz aus dem Cytoplasma des Pollenkorns wächst
Die erste, zarte Hülle um das Pollenkorn geht aus der Hautschicht desselben hervor, nimmt dann aber an Umfang und

1) Untersuchungen über das Vorhandensein von Eiweiss in der
pflanzlichen Zellhaut, nebst Bemerkungen über den mikrochemischen
Nachweis der Eiweisskörper. Sitzungsber. d. Wiener Akad. d. Wiss.
Bd. XCIV, 1886, p. 135.

Dicke zu, indem lebendige Substanz aus dem Zellinnern in
dieselbe eindringt. Das zeigt sich zunächst schon in der
Spaltung, welche die Hautanlage in eine Aussen- und Innenschicht zerlegt, eine Spaltung, welche innerhalb der eingefalteten Hautstreifen unterbleibt; dann zeigt sich dies noch
prägnanter in dem Hervorwachsen von Stacheln aus der
Oberfläche der Aussenschicht und der Structurirung, welche
diese Aussenschicht in ihren äusseren Theilen erfährt. Nach
erfolgter Spaltung ist die Substanz, welche die Verdickung
der Innenschicht bedingt, etwas verschieden von der in
der Aussenschicht auftretenden, entspricht andererseits derjenigen, welche den eingefalteten Stellen in deren ganzer
Dicke zukommt. An letzteren zeichnet sich aber eine äquatorial gelegene Stelle, die Austrittsstelle des Pollenschlauchs,
von Anfang an, durch ein etwas abweichendes Verhalten aus.
Die Innenschicht zeigt nur mehr oder weniger deutliche
radiale Streifung, sonst keine andere Structur: ob dieselbe
so wie die eingefalteten Hautpartien nur durch Vermittlung
der eingewanderten Substanzen, oder etwa auch durch Apposition neuer Lamellen wächst, muss dahingestellt bleiben.
Die Annahme einer Apposition lässt sich nicht kategorisch,
ausschliessen, doch spricht gegen dieselbe der Umstand, dass
die in Betracht kommenden Hauttheile auch während ihres
Wachsthums, der ganzen Masse nach, der Schwefelsäure gleichmässig widerstehen und die Reactionen cutinisirter Substanzen
zeigen. Dass diese Innenschicht aus einer etwas andern Substanz als die Aussenschicht besteht, das zeigt aber ihr Verhalten gegen Eau de Javelle, der sie länger als die Aussenschicht resistirt. Die Aussenschicht scheint mehr Substanzen
zu enthalten, die sich in ihrem Verhalten dem eingewanderten Cytoplasma nähern. Zu bemerken ist, dass in den
eingefalteten Membranstreifen die dem Zellinnern zugekehrten
Theile stärker wachsen als die nach aussen gekehrten,

so dass der angrenzende Spalt die Substanz dieser Streifen zunächst in halber Dicke, später hingegen näher der Aussenfläche trifft. Der nach aussen von der Ansatzstelle des Spaltes gelegene Theil hat eben nicht mehr wesentlich an Masse zugenommen, während der innere um das Mehrfache dicker geworden ist. — Von einer Hautbildung, die als Intine bezeichnet werden könnte, habe ich nichts bei diesen Pollenkörnern gefunden, die quellbaren Austrittspapillen der Exine dienen zur Pollenschlauchbildung.

Die Pollenkörner von Passiflora coerulea, die ebenfalls schon häufig genug Gegenstand der Untersuchung gewesen sind[1]), besitzen annähernd kugelige Gestalt, doch mit drei etwas vorspringenden, buckelförmigen Erhebungen. Letztere erscheinen gleichmässig in einer Ebene um das Pollenkorn vertheilt. Die Pollenkörner sind grau gefärbt und zeigen eine zierliche Structur der Exine. Letztere ist in polygonale Felder durch Leisten getheilt, die in der Aufsicht aus aneinander gereihten, länglichen Körnern zu bestehen scheinen. Die Felder sind fein punktirt. Die drei buckelförmig vorspringenden, kreisförmig umschriebenen Hautpartien, die als Deckel bezeichnet worden sind, werden durch glatte Hautstreifen von dem „Mittelstück" der Haut getrennt. Behandelt man diese Pollenkörner mit hinreichend starker Chromsäure, so werden die Deckel von dem Mittelstück getrennt und flottiren frei in der umgebenden Flüssigkeit. Guten Einblick in den Bau der Haut kann man mit Chloralhydrat gewinnen, einen noch bessern auf Querschnitten. An letzteren (Taf. III, Fig. 15) stellen sich die vorspringenden Leisten als keulenförmige Gebilde dar, die mit schmaler Basis einer dünnen Membran: der Exine, inserirt sind. Inner-

---

1) Vgl. z. B. die Abbildungen bei Schacht, Ueber den Bau einiger Pollenkörner. Jahrb. f. wiss. Bot. Bd. II. Taf. XVIII. Figur 16—19.

halb der Felder entspringen dieser Membran wesentlich kleinere. sonst ähnlich gestaltete Keulen von unter einander gleicher Höhe, in annähernd regelmässiger Vertheilung. Sie sind es, die sich als Punkte in der Flächenansicht präsentiren. Die Querschnitte lehren mit Bestimmtheit, dass auch diese kleinen Keulen frei endigen, und dass keine gemeinsame Haut über denselben ausgespannt ist (Fig. 15). Im optischen Durchschnitt, an Chloralhydrat-Präparaten, ist dies nicht sicher zu entscheiden, da der obere Rand derselben einen fortlaufenden Contour bildet, der leicht als geschlossene Abgrenzung angesehen werden kann (Fig. 14). Unter der Exine liegt eine dicke, das Licht stark brechende Intine (Fig. 15, 16), welche eine radiale, auf das Vorhandensein zahlreicher Poren hinweisende Streifung, hingegen keinen lamellösen Bau verräth. An den zwischen dem Mittelstück und den Deckeln gelegenen Bändern ist die Exine auf die dünne Haut, die an anderen Orten die Keulen trägt, beschränkt (Fig. 14). Umgrenzt werden die Bänder von solchen Leisten wie die Felder, doch von geringerer Höhe. Diese Leisten keilen sich an ihren Rändern aus (Fig. 14). Die Intine ist unter den Bändern etwas weniger quellungsfähig und markirt sich aus diesem Grunde dort besonders stark (Fig. 14). An zarten Querschnitten gelingt es, die Intine mit Jod und Schwefesäure blau zu färben, doch muss hierbei sehr vorsichtig verfahren werden. Die in erhärtetem Gummischleim ausgeführten Schnitte sind trocken auf den Objectträger zu legen, ein Tropfen Jodtinctur auf dieselben zu bringen, mit Deckglas zu bedecken und hierauf vom Deckglasrande aus ein Tropfen verdünnter Schwefelsäure (2 Theile Schwefelsäure, 1 Theil Wasser) hinzuzufügen. An einzelnen Stellen, wo die Reagentien in richtigem Verhältniss zur Wirkung gelangen. nimmt die Intine alsdann eine blaue, richtiger violette Färbung an, die alsbald aber durch eine rothbraune Tinction

verdeckt erscheint. An den meisten Orten tritt sofort auch
in der Intine, übereinstimmend mit der Exine, die rothbraune Färbung ein. Die Blaufärbung der Intine von Passiflora Lowei mit Jod und Schwefelsäure war bereits Schacht
gelungen.[1] Mit Chlorzinkjodlösung konnte ich keine Blaufärbung erhalten; sofort erfolgte an Exine wie Intine intensive Rothbraunfärbung. Dieselbe, wenn auch etwas weniger
intensiv, ist mit Jodlösung allein schon zu erzielen. Die
ganze Pollenhaut giebt auch ausgeprägte Gelbfärbung mit
Salpetersäure und Ammoniak, und Rothfärbung mit Millon's
Reagens. Als ein selten vorkommender Fall ist zu ver-
zeichnen, dass hier stellenweise auch Rothfärbung mit Alloxan
gelingt. In Kalilauge wird die Pollenhaut gelb. Intine und
Extine widerstehen der concentrirten Schwefelsäure; nur die
unter den glatten Stellen der Exine gelegenen Austrittsringe
der Intine werden gelöst. So verhalten sie sich auch, im
Gegensatz zu den übrigen Hauttheilen, in Cuoxam. Eau de
Javelle löst bei richtiger Regulirung der Einwirkung zunächst nur die Exine, während die ganze Intine im gequollenen Zustande erhalten bleibt. Die Austrittsringe quellen
hierbei zunächst schwächer als die übrigen Theile der Intine
und markiren sich scharf im Bilde (Taf. III, Fig. 13). Mit
Congoroth werden beide Pollenhäute nur schwach, intensiv
hingegen mit Fuchsin gefärbt.

Die reifen Pollenkörner von Passiflora coerulea sind von
zahlreichen, orangegelben Oeltropfen umgeben, welche es auch
sind, die der Pollenmasse das gelbe Aussehen verleihen. An
der Oberfläche der Körner haftend findet man ausserdem noch
weisse, ziemlich stark lichtbrechende Substanzmassen, von
mehr oder weniger regelmässiger Tropfenform. Diese Massen
erinnern ebenfalls in ihrem Aussehen an Oele, reagiren jedoch

---

[1) Jahrb. f. wiss. Bot. Bd. II, p. 132.

nicht als solche, zeigen vielmehr ganz dasselbe Verhalten
wie die Substanz der Intine, mit der sie jedenfalls sehr nahe
verwandt sind. Sie gehen wie das orangegelbe Oel aus dem
Inhalt der Tapetenzellen hervor. Sie mögen, wie die Intine,
aus einem Gemisch von Kohlehydraten und den Proteïnstoffen
ähnlich reagirenden Körpern bestehen, denn sie zeigen, wenn
auch etwas weniger prägnant wie die Intine, die Gelbfärbung mit Salpetersäure-Ammoniak und die Rothfärbung mit
Millon'schem Salze.

Entwicklungsgeschichtliche Untersuchungen lehren, dass
der Inhalt der Specialmutterzellen sich mit einer eigenen
Haut umgiebt, an deren Bildung auch hier die innere Verdickungsschicht der Specialmutterzellen nicht betheiligt ist.
Noch vor Auflösung der Specialmutterzellen, in etwa 15 mm
hohen Blüthenknospen, hat die Bildung der Leisten an der
äusserst dünnen Pollenhaut: der Exine, begonnen. Diese Haut
erscheint in Oberflächen-Ansicht bereits deutlich gefeldert.
An befreiten Pollenkörnern bilden die Leisten alsbald deutlich vorspringende Höcker, zwischen welchen die Exine öfters
schwach festonirt erscheint (Taf. I, Fig. 10). Die Bildung
der kleinen Höcker in den Feldern folgt bald auf die Anlage der Leisten (Fig. 11). Es ist klar, dass alle diese Auswüchse ohne Betheiligung der Tapetenzellen entstehen, da
die letzteren noch unverändert die Wand der Staubfächer
einnehmen; auch hat ja, wie schon erwähnt, die Bildung der
Leisten noch innerhalb der Specialmutterzellen begonnen. Es
kann eben auch hier die zur Bildung der Auswüchse dienende
Substanz nur in die Membrananlage eingewandert sein, um
die Entstehung derselben zu veranlassen. Die junge Haut erscheint deutlich radial gestreift. An den ringförmigen Austrittsstellen werden Auswüchse nicht gebildet. In etwa 30 mm
hohen Blüthenknospen, nachdem die Structur der Exine
angelegt ist, die Pollenkörner aber doch erst etwa zwei

Drittel ihrer vollen Grösse erreicht haben, tritt die Intine
auf. Ihre Entstehung aus der Hautschicht des Plasmakörpers
fällt wieder in die Augen und die Behandlung mit contrahirenden Mitteln, so auch Alcohol-Glycerin-Präparate, geben
auf solchen Entwicklungszuständen sehr instructive Bilder.
Deutlich erscheint die Intine in den ersten Stadien ihrer Anlage, wie aus radial angeordneten Stäbchen aufgebaut (Fig. 12).
Die Intine ist bereits angelegt, wenn die Tapetenzellen, deren
Inhalt durch das Auftreten entsprechend tingirter Oeltröpfchen
sich zuvor gelblich färbte, ihre Selbständigkeit aufgeben
und zwischen die Pollenkörner einwandern.

Die in ihrer Einwirkung auf die fertige Pollenhaut be-
sprochenen Reagentien wurden auch auf sämmtlichen Entwicklungszuständen angewandt und zwar mit stets übereinstim-
mendem Resultat. Denn Exine und Intine geben vom Beginn
ihres Wachsthums an dieselben Reactionen wie im fertigen
Zustande. Nur die Quellungsfähigkeit der Austrittsringe der
Intine verändert sich mit dem Alter. In der Jugend sind
diese Bänder besonders quellbar und geben daher auch keine
charakteristischen Reactionen, weiterhin nimmt ihre Quellbarkeit ab und sinkt schliesslich, wie wir das gesehen haben,
unter diejenige der angrenzenden Stellen.

Fassen wir die bei Passiflora coerulea gewonnenen Resultate zusammen, so ergiebt sich, übereinstimmend mit den
früheren Fällen, eine Anlage der Exine als polleneigene Haut
aus der Hautschicht des Pollenkorns. Dann ein Flächen-
und Dickenwachsthum derselben durch Substanzeinwanderung,
jedenfalls einer Einwanderung lebendiger Substanz aus dem
Zellinnern, welche auch die Bildung der Auswüchse an der
Aussenfläche der Exine besorgt. Hierauf Neubildung der
Intine aus der Hautschicht des Plasmakörpers und Flächen-
und Dickenwachsthum derselben, sowie auch noch der Exine,
durch Einwandern von Substanz. Die Substanz, welche nach

Anlage der Intine zum Wachsthum der Exine verwandt wird,
muss erstere passiren. Ob der Intine auch neue Lamellen
durch Neubildung apponirt werden, muss dahingestellt werden. Anknüpfungspunkte für eine solche Annahme sind aber
nicht vorhanden. Exine und Intine erscheinen in ihrer stoff-
lichen Zusammensetzung nur gradweise verschieden: erstere ist
reicher an den auf Cutin reagirenden Substanzen wie letztere.
Die Austrittsringe der Intine zeichnen sich durch eine noch
etwas weitergehende stoffliche Verschiedenheit aus.

Die von mir seinerzeit gemachten Angaben [1]) über die
Entwicklungsgeschichte der Pollenkörner der Malvaceen kann
ich auch jetzt noch aufrecht halten, hingegen muss die Deutung, die ich den Entwicklungsvorgängen gab, modificirt
werden.

Ich untersuchte Althaea rosea, Malva rotundifolia
und M. crispa. Innerhalb der Specialmutterzellen der Tetrade, welche ein scharf markirtes Grenzhäutchen aufweisen,
werden die Pollenzellen mit einer eigenen, zarten Haut umkleidet. Dieses konnte ich am schönsten bei Malva rotundifolia constatiren, und zwar an Schnitten, die ich frisch
im Wasser untersuchte. Im Wasser platzten sowohl die
Specialmutterzellen, als auch die polleneigenen Häutchen.
Der Inhalt der Pollenzellen entleert sich nach aussen, während die polleneigenen Häutchen gefaltet in den Specialmutterzellen zurückbleiben. — Zwischen den Pollenmutterzellen selbst, sowie denselben und den Tapetenzellen. werden
frühzeitig feine Körnchen sichtbar, welche aus der Substanz
der sich lösenden Scheidewände hervorgehen. Etwas gröbere
Körnchen entstehen weiterhin aus der Gallerte der Specialmutterzellen. Diese Körnchen nehmen mit Jod hellgelbe

Färbung an. Nach erfolgter Auflösung der Specialmutterzellen lassen die Tapetenzellen an ihren Innenflächen eine
besondere Haut nicht mehr erkennen, doch behalten sie
zunächst noch ihre Selbständigkeit bei. Die getrennten,
jungen Pollenzellen beginnen rasch ihre Haut zu verdicken.
Hierbei werden die zahlreichen runden, für diese Haut
charakteristischen Poren sofort ausgepaart. Diese Poren
dienen am fertigen Pollenkorne dem Austritt der zahlreichen
Pollenschläuche; zuvor dürften sie dem jungen Pollenkorn
die Stoffaufnahme aus der Umgebung erleichtern. Die auftretenden Verdickungsschichten zeigen sich stark quellbar;
alsbald nach ihrer Anlage nimmt aber ihre Quellbarkeit ab.
Bei relativ noch geringer Dicke der Pollenhaut beginnen
sich die Stacheln auf deren Aussenseite zu erheben. Sie
erscheinen wie Ausstülpungen dieser Aussenseite und zeigen
zunächst im Innern nur geringe Dichte. Diese Dichte nimmt
in der Folge rasch zu. Den jungen Stachelanlagen haften
bei Althaea rosea und Malva crispa Körnchen von aussen
an. An Alcohol-Präparaten bilden diese Körnchen oft Ringe
an den Stachelanlagen, und zwar dann um alle Stacheln in
gleicher Höhe. Es hängt letztere Erscheinung mit der Contraction zusammen, welche die jungen Pollenkörner im Alcohol erfahren. Die Betheiligung dieser umgebenden Körner
am Wachsthum der Stacheln kann jedenfalls nur eine in-
directe sein. Dieselben dürften als Nahrung der lebendigen
Substanz dienen, welche die Ausgestaltung der Pollenhaut
besorgt. Bei Malva rotundifolia fehlen solche Körnchen
meist auch an Alcohol-Präparaten. oder sie sind in denselben
nur spärlich vertreten und zeigen nur geringe Grösse. Das
hängt dort mit ihrer spärlichen Bildung bei Auflösung der
Mutterzellwände zusammen. — Nachdem die Stacheln der
Pollenhaut eine bestimmte Höhe erreicht haben, wird an
dieser Haut eine besonders ausgestaltete Aussenschicht von

radialem Bau differenzirt.[1]) Es ist das im Grunde genommen ein sehr ähnlicher Bau, wie wir ihn bei Senecio vulgaris kennen gelernt haben (Taf. III, Fig. 8), nur dass dort Innen- und Aussenschicht sich von einander trennen. Wir haben es somit in der Pollenhaut von Althaea rosea, von Malva rotundifolia, von Malva crispa, mit einer Exine zu thun, die eine relativ dünne Aussenschicht und eine weit mächtigere Innenschicht besitzt. Die Aussenschicht ist stäbchenförmig differenzirt und trägt die homogenen Stacheln; die Innenschicht lässt keine bestimmte Structur, vor Allem auch keine Schichtung erkennen. Innen- und Aussenschicht sind mit runden, relativ weiten Poren durchsetzt, die nach aussen nur von einem ganz zarten Häutchen abgeschlossen erscheinen.

Das polleneigene Häutchen nimmt gleich bei seinem Auftreten in Chlorzinkjodlösung einen bräunlichen Ton an. Nach begonnenem Dickenwachsthum wird diese Färbung ausgeprägt braun, und so färbt sich auch weiterhin die Exine, mit Ausnahme der Stacheln, die auch hier nur gelblich tingirt werden.

Die Stacheln haben ihre definitive Grösse fast erreicht, wenn die Tapetenzellen ihre Selbständigkeit aufgeben, um zwischen die Pollenkörner einzuwandern. Letztere füllen sich nun rasch mit Inhalt an, was bei der relativ grossen Dicke der Exine, vornehmlich durch Vermittlung der Poren erfolgen dürfte. Noch bevor die Füllung vollendet ist, tritt um den gesammten Inhalt des Pollenkorns die auf Cellulose reagirende Intine auf. Dieselbe ist sehr zart; zunächst quellbarer unterhalb der Poren der Exine. Noch vor Anlage der Intine führt der eine Zellkern des Pollenkorns die Zweitheilung aus.[2])

---

1) Vergl. in meinem Zellhautbuche die Figuren 17 u. 19 auf Taf. V.

2) l. c. Taf. V, Fig. 11.

Die junge Exine von Althaea rosea giebt sehr schön
die erprobten Färbungen mit Salpetersäure-Ammoniak und mit
dem Millon'schen Salze, also die sogenannten Protein-Reactionen. Bei Malva rotundifolia wollte es mir zunächst nicht
gelingen, diese Reactionen deutlich zu erhalten, bis dass es
sich zeigte, dass man sie dort auf relativ sehr jungen Entwicklungsstadien vornehmen muss. Mit concentrirter Schwefelsäure werden die Pollenhäute der drei genannten Malvaceen,
von Beginn der Stachelbildung an, schön rosenroth gefärbt.
Diese Färbung geht in dunkelroth an der Exine der reifen
Pollenkörner der beiden Malven über, während sie schliesslich rothbraun bei Althaea rosea wird. Sofort schön carminroth wird die Färbung bei Althaea rosea, wenn man die concentrirte Schwefelsäure auf trockne, unter Deckglas liegende
Querschnitte der Pollenkörner einwirken lässt. Der Inhalt
des Pollenkorns nimmt dann gleichzeitig hellgelbe Färbung
an. Mit concentrirter Kalilauge wird die Exine von Althaea
rosea, was wiederum am Schnitte am schönsten hervortritt,
rothgelb gefärbt. Diese Färbung geht bei dem Erwärmen
in Gelbbraun über. Bei längerer Einwirkung der Kalilauge
wird sie rein gelb. Längeres Kochen in Kalilauge wird, wie
auch bei anderen Pollenkörnern und Sporen, von der Exine
gut vertragen. In dem Schulze'schen Macerationsgemisch
wird die Exine der Pollenquerschnitte von Althaea rosea ganz
durchscheinend und nach längerer Einwirkung schon in der
Kälte in ölige, farblose Massen verwandelt und gelöst. Fast
momentan erfolgt diese Lösung bei Erwärmung. Ebenso
findet baldige Lösung in Eau de Javelle statt. — Eine Schichtung in der Exine gelang mir mit keinem dieser Reagentien
hervorzurufen.

Holzstoffreaction war an den Pollen weder mit Anilinsulfat noch mit Phloroglucin und Salzsäure an den Querschnitten des Althaea-Pollens zu erzielen.

Fassen wir hier die Ergebnisse der Entwicklungsgeschichte und der Reactionen zusammen, so kommen wir etwa
zu nachstehendem Resultate: Neubildung der polleneigenen
Haut. Verdickung und Ausgestaltung derselben durch in
dieselbe einwandernde Substanz. Neubildung der Intine. —
Der Mangel jeglicher Schichtung in der Exine, sowie die
Reactionen derselben schon während ihres Wachsthums
sprechen dafür, dass dieselbe nicht durch Neubildung neuer
Membranlamellen, vielmehr durch Vermittlung in dieselbe ein-
dringender, lebendiger Substanzmassen wächst. Diese können
auch allein das Hervortreten der Stacheln auf der Oberfläche und die nachträgliche Ausbildung der äusseren Stäbchenschicht veranlassen. An den Stellen, wo die Poren in der
Exine ausgebildet werden, findet keine Einwanderung von
Substanz statt und bleibt die Exine auf die ursprüngliche
Dicke des polleneigenen Häutchens beschränkt. Dass dieses
nicht etwa auch an anderen Stellen als solches fortbesteht
und die Verdickungsmassen ihm nur apponirt werden, das zeigt
auch der Umstand, dass es sich auf keinem Entwicklungszustande an den Stachelanlagen unterscheiden lässt. Unter
allen Umständen müsste ja aber dieses Häutchen stark ernährt werden, um die Stacheln decken zu können. Die Substanz der Innenschicht der Exine bei den Malvaceen entspricht der Hauptsache nach in ihren Reactionen der Substanz
der Intine bei Passiflora; doch gelang es bei ersterer nicht,
unter irgend welchen Bedingungen Cellulose - Reaction zu
erlangen. Bei den Passifloren ging die genannte Intine aus
einer zunächst zarten, neu gebildeten Haut hervor, die weiter
durch Substanzeinwanderung an Dicke zunahm. Bei Malven
bleibt hingegen die am Schluss der Entwicklung angelegte
Intine sehr zart und weist Cellulose - Charakter auf. Die
Exine wird andererseits mit grossen Poren versehen, um den

Austritt der Intine bei der Pollenschlauchbildung zu er-
möglichen.[1])

Einen den Malvaceen sehr ähnlichen Bau haben die
Pollenhäute der Nyctagineen und mancher Convolvulaceen.
Auf ihre Schilderung hier einzugehen, würde wesentlich
neue Gesichtspunkte nicht fördern; kurz sei nur der fertige
Zustand bei Quamoclit (Ipomoea) coccinea Moench be-
rührt. Das Pollenkorn ist dort ganz nach dem Typus der
Malven gebaut. Zahlreiche Austrittsporen durchsetzen die
dicke Innenschicht der Exine und werden nach aussen zu
durch ein zartes Häutchen geschlossen. Das in die Austrittsporen papillenartig vorgewölbte Cytoplasma des Pollenkorns ist von einer relativ starken Intine umhüllt. Die
Austrittsstellen münden nach aussen in der Mitte je eines
polygonalen Feldes. Vorwiegend sind diese Felder viereckig
und an den Ecken mit je einem, seltener zwei Stacheln
ausgestattet. Die Aussenschicht der Exine ist ganz wie bei
Althaea in Stäbchen differenzirt, welche wie dort von einer
zarten, fortlaufenden Hülle nach aussen gedeckt werden.
Das lässt die Exine bei Aufsicht auch hier feinpunktirt erscheinen. Die Stacheln, so stark wie bei Althaea, sind im
unteren Theile etwas bauchförmig angeschwollen; sie sitzen
flachen Hügeln der in Stäbchen differenzirten Aussenschicht
auf. Von diesen Hügeln, die etwas dickere Stäbchen führen,
laufen kammartige Leisten aus, welche mehr oder weniger
scharf die Felder auf der Exine von einander scheiden. In
concentrirter Schwefelsäure wird die Exine purpurroth, besonders die Innenschicht derselben, doch selbst auch die

1) Im Uebrigen verweise ich wegen Abbildungen und weiterer
Einzelheiten der Beschreibung auf mein Zellhautbuch p. 86 ff. und
Taf. V; wegen der Vorgänge bei der Pollenschlauchbildung auf
meine neuen Untersuchungen über den Befruchtungsvorgang bei den
Phanerogamen. 1884. p. 43.

Stacheln. — Von Interesse ist es wohl, zu constatiren, wie
verschieden der Bau der Pollenhaut in einer und derselben
Pflanzenfamilie bei relativ nahe verwandten Gattungen sein
kann. Convolvulus tricolor sowohl, als auch C. arvensis,
die ich untersuchte, haben nur drei Austrittsstellen in der
Exine aufzuweisen und diese zeigt eine sehr dünne, homogene
Aussenschicht, eine ebensolche, doch stärkere Innenschicht,
und eine wesentlich höhere, aus feinen Stäbchen aufgebaute
Mittelschicht.

Die Deutung, die ich seinerzeit den entwicklungsgeschichtlichen Vorgängen an der Pollenhaut der Geraniaceen
gab,[1]) muss ebenfalls eine entsprechende Umgestaltung erfahren, die sich theilweise schon von selbst aus den hier
mitgetheilten Thatsachen ergiebt. Bei Geranium cristatum
und G. sanguineum, die ich jetzt wieder untersuchte, ebenso
auch bei G. striatum und G. pratense, besteht die fertige
Exine aus einer dünnen Haut, der die zu einem Netzwerk
angeordneten Stäbchen aufgesetzt sind. Diese Stäbchen zeigen
die vielfache Höhe der dünnen Haut der sie entspringen;
sie sitzen ihr mit schmalem Grunde an, erweitern sich keulenförmig, verengen im oberen Theile und schwellen schliesslich wieder zu einem Köpfchen an. Dadurch bekommen sie
in ihrem oberen Theile die Gestalt von Spielkegeln. Der
verengten Stelle unter dem Köpfchen entsprechend, markirt
sich in dieser Stäbchenschicht eine Lichtlinie. Die ganze
Exine ist cutinisirt und giebt ausgeprägt die Salpetersäure-
Ammoniak und die Millon'sche Reaction. Im Aequator des
Korns liegen drei papillenartig vorgestülpte Austrittsstellen.
Der innere Hauttheil der Exine setzt sich auf dieselben
als zarte, nur schwach cutinisirte Membran, ohne Stäbchen-
aufsatz, fort. Unter dieser zarten Aussenhaut führen die

1) l. c. p. 93 ff.

Papillen eine gallertartige Substanz, in welcher Stärkekörner zusammengehäuft liegen. Eine zarte Intine ist im ganzen Umkreis der Kornes entwickelt; an den Austrittsstellen ist sie dicker, sammt dem Cytoplasma des Pollenkorns in die Papillen vorgewölbt, so dass sie zwischen sich und die Exine die stärkeführende Gallertmasse meniskenförmig einzwängt.

Die Entwicklungsgeschichte lehrt, dass die Ausbildung der Stäbchenschicht an der jungen, glatten, polleneigenen Haut noch innerhalb der Specialmutterzellen beginnt. An den drei Austrittsstellen unterbleibt die Stäbchenbildung; diese Austrittsstellen sind auch hier an der Grenze zwischen Bauch- und Rückenfläche des Pollenkorns vertheilt, und entsprechen den drei Kanten desselben. Die Stäbchen wachsen aus der Pollenhaut hervor und reagiren von Anfang an wie cutinisirte Substanzen.[1]) Sie nehmen rasch an Grösse zu, nachdem die Pollenkörner durch Auflösung der Specialmutterzellen frei geworden. Die glatten elliptischen Austrittsstellen bilden jetzt am Pollenkorn Vertiefungen, deren Mitte sich etwas papillenartig verwölbt.[2]) Die Tapetenzellen geben ihre Selbständigkeit auf und wandern zwischen die jungen Pollenkörner ein; diese Einwanderung erfolgt aber erst, nach dem sich die eben geschilderten Differenzirungsvorgänge an der Pollenhaut vollzogen haben. Nachdem der Inhalt des Pollenkorns zugenommen und die Theilung in einen vegetativen und einen generativen Zellkern im Innern erfolgte, werden die Austrittsstellen durch das Cytoplasma vorgewölbt, dann mit gallertartiger Verdickungsmasse angefüllt. Letzterer Vorgang, der an die Bildung der „Zwischenkörper" bei Onagraricen anschliesst, drängt das Cytoplasma wieder in das Innere des Korns zurück. In der Substanz der Gallertmassen, die auch hier als Zwischen-

---

1) Ich gab früher fälschlich l. c. p. 93 an, die Stäbchenschicht werde zunächst, später erst die Innenschicht gebildet.

2) l. c. Taf. VI. Fig. 29, 30.

körper bezeichnet werden mögen, dringen nun Körnchen ein und zeigen dort radial ausstrahlende Anordnung.[1]) Ich glaubte früher annehmen zu können, dass die Körnchen aus der Gallerte entstehen, überzeugte mich aber jetzt, dass sie in dieselbe aus dem Cytoplasma einwandern. Man kann deutlich die radialen Reihen erkennen, die bis auf das Cytoplasma führen (Taf. IV. Fig. 73), und die den Strahlen eines Springbrunnens entprechende Anordnung ist eine Folge dieses Einwanderns. Ein ähnliches Eindringen körniger Gebilde in die Verdickungsmassen der „Zwischenkörper" hatten wir auch bei Onagrarieen constatirt. Die Körnchen reagiren zum grössten Theil auf Proteïn, zum kleinsten Theil auf Stärke, sie sind durch feine Plasmastränge innerhalb der einzelnen Reihen verbunden. Dann füllt sich das Pollenkorn ganz mit Plasma an und nachdem dies geschehen, wird um den gesammten Inhalt die zunächst sehr quellbare Intine gebildet. Sie erscheint dicker unter den Austrittspapillen und wölbt sich bald in dieselben vor, die Körner nach dem Scheitel zu verdrängend. Von diesen bleiben die Stärkekörner allein zurück, wobei sie noch an Grösse zunehmen. Sie wachsen innerhalb der Papillen jedenfalls auf Kosten der Proteïnkörner, unter welchen Stärkebildner vertreten sein müssen.

Die Innenhaut der Exine sammt ihren Austrittsstellen, so auch die Intine, erscheinen bei Geranium pratense, vornehmlich auch bei G. pyrenaicum, unter Citronenöl schon himmelblau gefärbt. Diese Färbung rührt von dem diese Membrantheile durchtränkenden Oel her. Lässt man zu trockenen Pollenkörnern Carbolsäure fliessen, so wird dieses Oel aus der Membran verdrängt und tritt in Tropfen aus derselben vor. Gleichzeitig entfärbt sich die Membran, nach einiger Zeit auch die hervorgequollenen Oeltropfen.

1) l. c. p. 94.

So haben wir denn bei den Geranium-Arten: Neubildung einer polleneigenen Haut, der Exine; Einwanderung lebendiger Substanz in dieselbe, die, ohne sie wesentlich zu verdicken, ihr eine kräftige Stäbchenlage aufsetzt. Neubildung innerhalb der sich papillenartig verwölbenden Austrittsstellen der Exine einer gallertartigen Substanz, in welche Plasmastränge mit Stärkebildnern weiterhin eindringen. Neubildung einer Intine. Ueber die Bildungsart der innerhalb der Austrittspapillen entstehenden Zwischenkörper geben die Beobachtungen keinen vollen Aufschluss, sie dürften aber, wie bei Onagrarieen, aus der Umwandlung äusserer Plasmalagen hervorgehen. Die Bedeutung derselben scheint darin zu liegen, in der erzeugten Stärke einen Reservestoff für die erste Anlage des Pollenschlauches bereit zu halten. Das Einwandern von Cytoplasma in die Zwischenkörper lässt sich hier in besonders auffälliger Weise verfolgen.

Die reifen Pollenkörner von Cephalaria tatarica besitzen eine relativ dicke Exine mit drei äquatorial vertheilten Austrittsstellen, an welchen diese Exine sehr dünn wird. Ausgenommen an den Austrittsstellen, zeigt die Exine eine continuirliche Aussenschicht von geringer Dicke, und eine wesentlich dickere, stärker das Licht brechende Innenschicht. Zwischen beiden befindet sich eine wesentlich höhere, aus dicht gedrängten Stäbchen aufgebaute Mittelschicht. Der Aussenschicht sitzen ausserdem kurze Stacheln auf. An den Austrittsstellen zeigen sich alle diese Schichten der Exine zu einer homogenen Haut von, wie schon erwähnt, nur geringer Dicke vereinigt. Diese letztere entspricht in ihrem optischen Verhalten der Aussenschicht der angrenzenden Theile. Von aussen ist der Membran der Austrittsstellen je ein Büschel auseinanderstrebender, nach aussen gekrümmter, unregelmässig gestalteter Stacheln von bedeutender Länge aufgesetzt. Die Austrittsstellen sind eingesenkt und da die Aussenschicht der

angrenzenden Theile der Exine scharf nach denselben zu ein-
biegt, so erscheint jede Austrittsstelle in der Aufsicht von
einem homogenen Ringe umfasst. Der gesammte Inhalt des
Pollenkorns ist ausserdem von einer zarten Intine umgeben,
die wesentlich stärker unter den Austrittstellen erscheint. In
letztere hinein wölbt sich das Cytoplasma etwas papillenartig
vor. Werden die reifen Pollenkörner in Chloralhydratlösung
gelegt, so erfolgt ein Quellen des Inhalts, der einzelne Austrittsstellen sprengt, um nach aussen zu gelangen. Es kommt
auch nicht selten vor, dass dieser Inhalt von einer Membran
umgeben hervortritt und einen Schlauch bildet, der den Durchmesser des ganzen Korns erreichen kann. Alsdann hat eine
gleichmässige Dehnung der Intine an der Austrittsstelle stattgefunden und diese Dehnung einen Schlauch ergeben, der
einem Pollenschlauch ähnelt. Ich sah öfters drei solcher
Schläuche gleichzeitig an den drei Austrittsstellen hervortreten, einen dieser Schläuche schliesslich an seinem Scheitel
platzen und seinen Inhalt entleeren, die anderen zwei Schläuche
dann aber unverändert zurückbleiben. — Die Exine des reifen
Pollenkornes giebt mit Salpetersäure - Ammoniak und mit
Millon's Reagens ausgeprägte Gelb-, respective Rothfärbung.
In concentrirter Schwefelsäure wird die Exine, und zwar besonders deren Innenschicht, braun; in Chlorzinkjodlösung wird
die Exine gelbbraun: so auch die im Büschel an der Austrittsstelle inserirten Stacheln.

Die Entwicklungsgeschichte lehrt, dass die Exine innerhalb der Specialmutterzelle als zarte polleneigene Haut angelegt wird, an welcher die drei äquatorial vertheilten Austrittsstellen sofort sich durch höhere Quellbarkeit markiren. Noch
vor Auflösung der Specialmutterzellwände wird eine Sonderung
der Exine in eine äusserst zarte Aussen- und Innenschicht und
die stäbchenförmige Mittelschicht bemerkbar. Die Stäbchen
der Mittelschicht treten vereinzelt, in weit grösseren Ab-

ständen als später auf: durch ihr Auftreten erhält die Exine
in der Aufsicht ein punktirtes Aussehen. Sobald die Differenzirung der Schichten der Exine begonnen hat, fängt dieselbe
auch an, die Reactionen cutinisirter Membranen zu geben
und die Bräunung in Schwefelsäure zu zeigen. An den quellbaren Austrittsstellen unterbleibt eine Differenzirung der
Exine. Sind die jungen Pollenkörner aus den Specialmutterzellen befreit worden, so beginnt die Exine bedeutend in
die Fläche und in die Dicke zu wachsen, was nur durch
Einwanderung von Substanz in dieselbe geschehen kann.
So nehmen Aussenschicht und Innenschicht bedeutend an
Stärke zu, während die Stäbchen der Mittelschicht höher und
zahlreicher werden. Die Intensität der Salpetersäure-Ammo-
niak- und der Millon'schen Reaction, sowie der Bräunung
in Schwefelsäure wächst mit fortschreitender Entwicklung.
Die Pollenkörner haben noch nicht die Hälfte ihres definitiven Durchmessers erreicht, wenn die kurzen Stacheln an
ihrer Oberfläche hervorzutreten beginnen. Es fällt das mit
der Zeit zusammen, in welcher die Tapetenzellen ihre Selbständigkeit aufgeben und als Plasmodium zwischen die Pollenkörner einwandern, hat aber mit der Thätigkeit dieses Plasmodiums thatsächlich nichts zu thun. Zugleich mit den kurzen
Stacheln der übrigen Exine beginnen auch die weit längeren,
flexilen, sich aus der Membran der Austrittsstellen zu erheben.
Es ist klar, dass es eine die Membran durchwandernde Substanz ist, welche diese Gebilde erzeugt; an den Austrittsstellen ist dies fast direct zu verfolgen. Nachdem alle Theile
angelegt sind und das Pollenkorn eigentlich schon den Habitus
des fertigen Zustandes besitzt, erfolgt noch ein Wachsthum,
das zur Verdoppelung des ganzen Durchmessers führt, was
eben auch nur mit Hülfe der so vielfach schon erwiesenen
Stoffeinwanderung in die Zellhaut möglich ist. Noch vor
der vollen Reife bildet das Korn alsdann seine Intine aus.

Bei Cephalaria tritt somit, wie in andern Fällen, die Exine als zarte, polleneigene Haut durch Neubildung auf und wird weiter, die Austrittsstellen ausgenommen, durch Einwanderung lebendiger Substanz in ihrem Innern ausgestaltet. Da die innere Differenzirung sehr früh hier vollzogen wird, und ein anhaltendes Flächen- und Dickenwachsthum auf dieselbe noch folgt, so ist der Fall besonders instructiv; sehr instructiv auch der Umstand, dass die Zahl der Stäbchen der Mittelschicht während dieses Wachsthums zunimmt. Das Vortreten der Stacheln an der Exine wird hier ebenfalls durch ihr spätes Auftreten sehr belehrend und der Fall in jeder Weise geeignet, die Ergebnisse der vorausgehenden Untersuchungen zu bekräftigen. Die Intine tritt zuletzt als Neubildung an dem fast fertigen Korne auf.

Mit der eben geschilderten Entwicklungsgeschichte stimmt diejenige von Scabiosa caucasica überein, so dass meine älteren Angaben [1]) an den entsprechenden Punkten zu berichtigen sind. Die Pollenkörner von Scabiosa caucasica sind dreieckiger als diejenigen von Cephalaria tatarica. Im Wesentlichen unterscheidet sich die Exine der ersteren von derjenigen der letzteren nur dadurch, dass sie viel feinere, fast nadelförmige und demgemäss zahlreichere Stäbchen in der Mittelschicht führt. Im Uebrigen sind meine älteren Bilder [2]) zu vergleichen und können dieselben auch zur Illustration der Schilderung von Cephalaria dienen.

Schon in meiner früheren Publication [3]) hatte ich darauf hingewiesen, wie instructiv die erste Anlage der Haut am Pollen von Cucurbita sei. Es hebt sich in der That, das

1) l. c. p. 100.
2) Taf. VII, Fig. 66—71.
3) l. c. p. 102. Die Figuren für Cucurbita sind dort Taf. VII, Fig. 72—84 zu vergleichen. In den Figuren 79—81 müsste der Deckel bereits, ähnlich wie in Fig. 82, seitlich abgegrenzt sein.

haben auch meine jetzt wiederholten Untersuchungen an
Cucurbita Pepo ergeben, bei Contraction des Polleninhalts
die junge Haut von dem Cytoplasma ab. da sie noch deutlich aus unterscheidbaren Dermatosomen gebildet wird. Sie
besitzt alsdann durchaus den Bau einer Zellplatte. erscheint
wie jene aus einer einfachen Schicht dicht an einander ge-
reihter Stäbchen aufgebaut. Ich gebe hier nochmals das
Bild einer solchen werdenden Haut bei stärkerer Vergrösserung, als es früher geschehen. wieder (Taf. IV, Fig. 74.
Auf dem nächst älteren Stadium ist die Körnelung verschwunden und die Haut homogen, glashell. durchsichtig.
Noch innerhalb der Specialmutterzellwände beginnen sich von
der Oberfläche dieser Haut, der Exine, kleine Stacheln zu erheben. Solche Entwicklungszustände mit Chlorzinkjodlösung
behandelt. geben ausserordentlich instructive Bilder. Es dehnt
sich nämlich die junge Exine unter dem Einfluss des Reagens
zu einer Blase aus, die sich auch von dem Inhalte abhebt.
Sie wird von der Chlorzinkjodlösung nicht gefärbt. ebenso
wenig als es gelingen wollte, sie zuvor schon, noch vor Beginn der Stachelbildung, zu tingiren. Die Stachelanlagen
werden hingegen braun und sitzen als braune Höcker der
farblosen, dünnen Haut auf. Es ist klar, dass es nicht dieselbe Substanz, aus welcher die dünne Haut besteht. sein
kann, welche diese Stacheln bildet, sie gehen eben aus Substanzmassen hervor. welche in die Zellhaut einwandern. um
auf deren Aussenseite die Stacheln zu gestalten. Noch
innerhalb der Specialmutterzellen sind die runden, stark
quellbaren Austrittsstellen an der Pollenhaut kenntlich. Nach
der Befreiung der jungen Pollenkörner nimmt die Exine rasch
an Dicke, die ihr aufsitzenden Stacheln an Höhe zu. Zunächst erscheinen die Stacheln im Innern schwach lichtbrechend. fast wie hohl, werden allmählich aber dichter
und stärker lichtbrechend. Während der Dickenzunahme

der Exine markiren sich auch schärfer die Austrittsstellen
an derselben. Sie sind, meist sieben bis acht an der Zahl,
über die ganze Oberfläche des Kornes gleichmässig vertheilt,
somit nicht auf den Aequator beschränkt. Die Austrittsstellen sind kreisförmig umschrieben, sie nehmen in Chlorzinkjodlösung einen nur schwach gelblichen Ton an, während
die übrige Exine sich gelb, auf späteren Zuständen gelbbraun färbt. Auch kann man in Chlorzinkjodlösung, in concentrirter Schwefelsäure, ja selbst in Wasser, eine deutlich
radiale Streifung in der Substanz der Austrittsstellen erkennen. Die Substanz der Austrittsstelle ist scharf gegen
diejenige der übrigen Exine abgesetzt, und zwar erscheint
sie, weil sie nach dem Innern des Pollenkorns zu an Durchmesser etwas zunimmt, der übrigen Pollenhaut wie eingekeilt.
Auch die Austrittsstellen tragen Stacheln, oft mehrere, meist
aber nur einen in der Mitte. Erst auf relativ späten Entwicklungszuständen, nachdem die Stacheln im Wesentlichen
fertiggestellt worden sind, beginnt sich zwischen denselben
aus der Oberfläche der Exine eine Stäbchenschicht zu erheben. Diese Stäbchenschicht erlangt nur unbedeutende
Höhe und wird von dünnen und kurzen, gleich hohen, feinen,
dicht gedrängten Fortsätzen gebildet. Diese Stäbchen endigen
frei, sind seitlich von einander getrennt und verleihen der
Oberfläche der Exine ein feinpunktirtes Aussehen. — Die
Tapetenzellen wandern zwischen die Pollenkörner ein, nachdem die Stacheln etwa die halbe Ausbildung erlangt haben.
Die jungen Stacheln zeigen sich hier wie bei Malva noch
vor dem Einwandern der Tapetenzellen von kleinen Körnchen
bedeckt, die aus der Substanz der aufgelösten Specialmutterzellwände hervorzugehen scheinen. Nach dem Einwandern
der Tapetenzellen füllen sich die jungen Körner mit Inhalt
allmählich an und bilden alsbald auch eine zarte Intine, die
nur unter den Austrittsstellen stärker verdickt wird. Hierauf

folgt eine bedeutende Grössenzunahme des Korns und während dieser die Ablösung der Austrittsstellen von den umgebenden, wie schon erwähnt, scharf abgesetzten Hauttheilen. Die Austrittsstellen werden auf diese Weise zu den für Cucurbita charakteristischen Deckeln.

Die Exine giebt, von dem Augenblicke beginnender Verdickung an, deutlich die Salpetersäure-Ammoniak- und die Millon'sche Reaction. In concentrirter Schwefelsäure wird sie, die Stacheln ausgenommen, bräunlich, später braun, am reifen Korn rothbraun, während der entleerte Inhalt sich intensiv carminroth färbt. Aus der Haut treten bei Beginn der Einwirkung blassgrüne Oeltropfen hervor.

Bei ihrer Anlage in den Specialmutterzellen messen die Pollenkörner nur etwa 0,042 mm im Durchmesser. Auf dem Stadium, in welchem die Exine in allen Theilen die volle Differenzirung bereits erlangt hat, und die Intine angelegt wird, besitzen die Pollenkörner einen Durchmesser von ca. 0,075 mm. Von da an wachsen sie noch, um die Grösse des Reifezustandes zu erlangen, bis auf einen Durchmesser 0,17 mm an. Dieser enorme Flächenzuwachs der bereits differenzirten Haut, der auch noch mit einer Dickenzunahme derselben verbunden ist, kann auch hier nur mit Hilfe bedeutender Substanzzufuhr sich vollziehen. Diese Zufuhr zur Exine wird auch durch das Auftreten der zarten Intine nicht gehindert.

Das oft abgebildete und beschriebene[1] Pollenkorn von Cobaea scandens besitzt eine zierliche, in sechseckige Felder getheilte Haut. Die Felder werden umgrenzt von Leisten, die aus Stäbchen bestehen, welche am oberen Rande mit einander verschmolzen sind. Eine mittlere Einstellung der Leisten lässt die Stäbchen in denselben perlartig an

---

1) Vgl. Schacht, Jahrb. f. wiss. Bot. Bd. II, p. 122, dort die ältere Litteratur.

einander gereiht erscheinen (Taf. III, Fig. 37). Mit dem
unteren Ende sind die Stäbchen einer ziemlich dicken Membranschicht inserirt. Jedes dritte Feld hat eine runde Austrittsstelle (Fig. 37 oben) aufzuweisen. Den Feldern haften
nach aussen kleine Körnchen an und geben denselben ein
unregelmässig punktirtes Aussehen (Fig. 37). Wie feine
Querschnitte (Taf. III, Fig. 36) lehren, ragt das Cytoplasma
des Korns papillenartig in die Austrittsstellen vor. Die
Austrittsstellen sind durch eine nur sehr dünne, feinkörnig
erscheinende Exine geschlossen; die vorspringende Papille
wird aber von einer starken Intine umkleidet. Das Studium
der Querschnitte führte mich zu der Ueberzeugung, dass
hier, ähnlich wie etwa bei Oenothera, die Intine nicht
das ganze Korn umgiebt, vielmehr nur unter den Austrittsstellen ausgebildet wird. Sie keilt sich an ihren Rändern aus und setzt mit denselben an die Exine an (Fig. 36).
Daher kommt es denn auch, dass es beim Zerdrücken in
Alcohol gehärteter Pollenkörner nicht gelingt, den Inhalt
sammt Intine zu befreien. Immer nur erblickt man nackte
Papillen, während die Intinescheiben an der Pollenhaut
haften bleiben. Dieses Verhalten veranlasste mich früher,
überhaupt das Vorhandensein einer Intine für Cobaea-Pollen
in Abrede zu stellen und dieselbe mit zur Exine zu rechnen.[1]
Das Bild (Fig. 36) klärt uns über den wahren Sachverhalt auf.

In concentrirter Schwefelsäure färbt sich der membran-
artige Theil der Exine intensiv bräunlich-gelb, während die
Leisten weit heller bleiben. Aehnlich ist es nur der mem-
branartige Theil der Exine, an dem man deutlich Gelbfärbung
mit Salpetersäure-Ammoniak und Rothfärbung mit Millon's
Reagens erhält, während die Leisten sich nicht färben. Mit

---

1) Ich gab l. c. p. 108 an: die Membran der Austrittsstellen
setzt sich an ihrem Rande in die inneren Theile der Exine fort.

Chlorzinkjodlösung erfolgt eine rothbraune Färbung der
ganzen Exine, doch vornehmlich wieder des membran-
artigen Theils: die Intine verquillt, ohne sich violett färben
zu lassen.

Die Entwicklungsgeschichte lehrt,[1] dass das Pollenkorn
sich innerhalb der Specialmutterzelle mit einer äusserst zarten,
zunächst glatten, eigenen Haut umgiebt. Ist diese angelegt,
so nimmt der Inhalt des Pollenkorns ein araeolirtes Aussehen
an, indem die Körnchen in der Peripherie desselben sich zu
einem polygonen Netzwerk anordnen (Taf. III. Fig. 31).
Die Maschen dieses Netzwerks werden von je einer Vacuole
eingenommen. Es ist das dieselbe Anordnung, wie sie Leitgeb
etwa in den Sporenmutterzellen und Sporen von Corsinia
marchantioides beschrieben und abgebildet hat.[2] Die Oberfläche des Korns erhält den Maschen des Netzes entsprechende
Einsenkungen, und diesen folgt auch die junge Haut. Sofort beginnen an letzterer an den vorspringenden Kanten,
welche somit über dem Körnerstreifen liegen, sich Leisten
zu erheben (Fig. 32). Die Leisten nehmen rasch an Höhe
zu, während die Hauttheile zwischen denselben sich glätten
(Fig. 33a). Die sich erhebenden Leisten sind zunächst solid,
das heisst es wird zunächst ihr oberer, zusammenhängender
Rand gebildet. Derselbe hat aber nur geringe Höhe erreicht, wenn sich unter demselben die einzelnen Stäbchen zu
markiren beginnen (Fig. 33a). Die Leisten werden somit
gewissermaassen aus der Innenschicht der Exine herausge-
schoben. Das Material zu ihrer Anlage kann nur aus dem
Innern des Pollenkorns stammen, die umgebenden körnigen
Stoffe dürften hingegen nur zur Ernährung der im Innern des
Pollenkorns befindlichen, respective in die Pollenhaut eingewanderten lebendigen Substanz dienen. Diese umgebenden

1) l. c. p. 106. Dort auch die Litteratur.
2) Ueber Bau und Entwicklung der Sporenhäute. p. 28.

körnigen Stoffe sind zum Theil das Product der desorga-
nisirten Specialmutterzellen, vor Allem aber aus den Tapetenzellen eingewandertes Cytoplasma. Zwar geben hier die
Tapetenzellen erst relativ spät ihre ganze Selbständigkeit
auf, doch kann man constatiren, dass frühzeitig schon aus
denselben Cytoplasma zwichen die jungen Pollenkörner eindringt. So erscheint denn schon auf dem Stadium der
Fig. 33, Taf. III, das junge Korn von körnigen Stoffen dicht
umlagert. Unter diesen Stoffen sind auch winzige Stärkekörnchen vertreten, welche den Leisten besonders fest anhaften. In Fig. 34 habe ich einen Theil der Pollenober-
fläche, nebst den angrenzenden körnigen Stoffen, dargestellt.
Mit dem Augenblick, wo die Bildung der Stäbchen in den
Leisten begonnen hat, zeigen letztere, bei entsprechender
Einstellung, eine perlschnurförmige Structur (Fig. 33b). Ist
aber erst dieser Zustand erreicht, so bedarf es nur einer
weiteren Ausbildung desselben, um zu dem fertigen Bau
zu gelangen. Die Fig. 35 führt uns ein mittleres Stadium
auf diesem Wege vor. Die Leisten erreichen schon an
relativ sehr kleinen Pollenkörnern eine nicht unbedeutende
Höhe. Bei seiner Anlage zeigt das Pollenkorn einen Durchmesser von ca. 0,033 mm; an Pollenkörnern von etwa
0,06 mm Durchmesser sind die Leisten fast 0,008 mm hoch.
Im fertigen Zustande haben sie nur etwa die andert-
halbfache Höhe aufzuweisen; dabei wächst das Pollenkorn
zu dem bedeutenden Durchmesser von 0,12 mm an. Bei
dieser bedeutenden Grössenzunahme des Pollenkorns müssen
die Stäbchen der Leisten, der sie verbindende Aussenrand,
sowie die zusammenhängende Innenschicht, entsprechend ernährt werden, um der Flächenausdehnung des Pollenkorns zu
folgen und die definitive Stärke in den einzelnen Theilen zu
erlangen. Kurz vor der Reife werden unter den Austrittsstellen die Intine-Scheiben angelegt und bald wölbt sich das

Cytoplasma. von der Intine umgeben. in die Austrittsstellen
vor. die Exine derselben ausdehnend.

Wille giebt bereits an,[1]) dass bei den Ericineen,
deren Pollenkörner in Tetraden zusammenhängen, die Exine
als polleneigene Haut gebildet wird. Er lässt sie auf der
später freien Aussenfläche der Pollenkörner getrennt, an den
Scheidewänden hingegen in Contact mit den Specialmutterzellwänden entstehen. Die Möglichkeit eines Verwachsens
der jüngeren Membran mit den älteren Scheidewänden lässt
sich nach Wille etwa so denken, „dass die Micellen der neuen
Membran den Micellen der alten Membran so nahe kommen,
dass die Attractionskraft zwischen ihnen sich geltend machen
kann. so dass die Micellen in den beiden Membranen in dasselbe Verhältniss zu einander treten, als wenn sie zur selben
Membranbildung gehörten, und dass nun auch Micellen zwischen
ihnen abgelagert werden.“[2])

Ich habe frisches wie auch Alcohol-Material von Erica
Tetralix untersucht und zunächst constatirt, dass die Scheidewände der Tetrade äusserst dünn bleiben (Taf. IV, Fig. 70).
Alsdann erfolgt die Bildung der polleneigenen Haut, der
Exine, um das ganze Pollenkorn und zwar an dessen Rückenflächen sowohl wie an dessen Bauchflächen in Contact mit
den Specialmutterzellwänden. An der Rückenfläche ist es
aber leicht, bei Anwendung wasserentziehender Mittel die junge
Exine von der Specialmutterzellwand zu trennen, während
die Haut an den Scheidewänden festhaftet. Letzteres mag
damit zusammenhängen, dass die Bildung der polleneigenen
Häute sehr rasch auf die Anlage dieser Scheidewände folgt.
Dieselben mögen zu den jungen Scheidewänden in ein ähnliches Verhältniss treten, wie in anderen Fällen eine neu gebildete Membranlamelle zu der Zellhaut, die sie zu verdicken

1) l. c. p. 35 ff.
2) l. c. p. 38.

hat. Die Exine nimmt nun im ganzen Umfang der einzelnen Pollenkörner an Dicke zu und beginnt zugleich die Reactionen cutinisirter Membranen zu geben. Währenddem wird die Aussenwand der Tetrade, die Mutterzellwand, gelöst (Fig. 71), hingegen nicht die zwischen den Pollenwänden befindlichen Scheidewände, welche vielmehr wie diese selbst, cutinisiren. Auf Grund unserer sonstigen Erfahrungen können wir annehmen, dass auch hier lebendige Substanz es ist, die in Exine und Scheidewände eindringt, um dieselben so zu verändern. Die Scheidewände nehmen hierbei nur unwesentlich an Dicke zu. Von der Cutinisirung werden an der Exine einzelne Streifen der Rückenfläche ausgeschlossen, welche unter rechtem Winkel auf die Scheidewände stossen und sich nach denselben zu erweitern. Diese Streifen treffen in den benachbarten Pollenzellen gradlinig auf einander (Taf. IV, Fig. 72) und stellen so einheitliche Gebilde vor, die in Sechszahl gleichmässig an der Tetrade vertheilt sind. Die Cutinisirung der seitenständigen Pollenwände und der Scheidewände unterbleibt bis zur geringen Tiefe an den Stellen wo dieselben von den Streifen geschnitten werden. Um die Austrittsstellen herum zeigt sich die Exine etwas verdickt. Die Intine, welche diese Pollenkörner kurz vor der Reife erhalten, zeigt sich unter den Austrittsstellen verdickt. Bei Anwendung concentrirter Schwefelsäure nehmen die cutinisirten Theile der Exine reifer Tetraden bräunlich rothe Färbung an. Es ist bei dieser Einwirkung leicht die cutinisirte Haut um die einzelnen Körner zu verfolgen und zu constatiren, dass diese Häute an den Bauchflächen sehr dicht zusammenschliessen, die Scheidewände nur sehr dünne Trennungslinien zwischen denselben bilden. Es gelingt weder durch Druck, noch auf anderem Wege die einzelnen Pollenkörner von einander zu trennen, und zwar ebensowenig auf jüngeren Entwicklungsstadien wie auch im fertigen Zustande. Die Fähigkeit der braunrothen

Färbung in concentrirter Schwefelsäure erlangen die Pollenhäute allmählich, während ihrer Entwicklung.

Bei Epipactis palustris soll nach Wille[1]) die Entwicklung der Tetraden in derselben Weise wie bei den Ericineen ablaufen. Das ist in der That der Fall. Die Scheidewände, die bei der Theilung der Pollenmutterzellen gebildet werden, sind auch hier sehr dünn, doch, zum Unterschied von Erica, an der Ansatzstelle verdickt. Die polleneigenen Wände werden im ganzen Umfang der jungen Pollenzellen angelegt und haften auch hier fest den Scheidewänden an. In Folge dessen, dass die Randverdickungen der Scheidewände, zugleich mit der Aussenwandung der Tetrade gelöst werden, klaffen die Pollenkörner von Anfang an nach aussen etwas auseinander. Die Rückenfläche der Körner erhält ein vorspringendes Netzwerk, dessen Ausbildung noch innerhalb der Specialmutterzellwand beginnt. Auch hier entsteht dieses Netzwerk durch Ausbildung vorspringender, unter einander entsprechend verbundener, am Aussenrande etwas angeschwollener Leisten. Die Leisten sitzen einer homogenen, dünnen Haut auf. In der Mitte jeder Rückenfläche unterbleibt aber die Ausbildung der Leisten, dort befindet sich die Austrittstelle. Die so entwickelte Exine ist im ganzen Umkreis der Körner cutinisirt, am schwächsten an den Austrittsstellen. Eine zarte Intine ist nachzuweisen, die sich unter den Austrittsstellen etwas stärker ausgebildet zeigt. Es lässt sich deren Existenz am besten in concentrirter Schwefelsäure nachweisen, in welcher sie zunächst stark quillt. Sie wird besonders deutlich an Körnern, welche von ihr umgeben, aus der Exine hervorgetreten sind. In Schwefelsäure fällt auch die äusserst geringe Dicke der erhalten gebliebenen Scheidewände zwischen den Pollenkörnern auf, es

---

1) l. c. p. 39.

kommt hier gelegentlich vor, dass durch das Reagens einzelne Pollenkörner aus dem Verbande der Tetrade losgelöst werden.

Bei Orchis maculata werden, wie auch Wille richtig hervorhebt,[1]) polleneigene Häute überhaupt nicht angelegt. Die Entwicklung hört mit Ausbildung der Tetradenscheidewände auf. Die Oberfläche einer jeden Massula, die einer gemeinschaftlichen Urmutterzelle den Ursprung verdankt und zahlreiche Tetraden in sich schliesst, erscheint von einem cutinisirten, engmaschigen Netzwerk von Leisten bedeckt. Diese Urmutterzellen sind durch Auflösung der Mittelschichten der sie trennenden starken Wände befreit worden,[2]) worauf das Leistenwerk an ihrer Oberfläche mit Hilfe von Substanzen entstand, die aus den peripherischen Zellen in die Membran einwanderten. In der reifen Massula trennen sich die einzelnen Tetraden, deren Elemente übrigens nicht durchaus tetraëdrische, sondern verschiedene Anordnung zeigen können, durch Auflösung der Mittellamellen leicht von einander, und die nicht cutinisirten, mit Chlorzinkjodlösung schön blau zu färbenden Specialmutterzellwände wachsen direct in Pollenschläuche aus.

Richtig ist auch die Angabe von Wille,[3]) dass es bei Asclepias überhaupt nicht zur Theilung der Pollenmutterzellen kommt. Bei Asclepias syriaca findet man das einzige Fach jeder Antherenhälfte mit einer Reihe radial gestreckter, grosser, inhaltsreicher Zellen, Urmutterzellen des Pollens, erfüllt. Diese Zellen theilen sich hierauf der Quere, und zwar die längsten, in der Mitte des Fachs gelegenen, in etwa vier Zellen, die den beiden Rändern genäherten in weniger Zellen, eventuell überhaupt nicht. Diese Zellen ent-

---

1) l. c. p. 40.
2) Vgl. auch mein Zellhautbuch p. 113.
3) l. c. p. 41.

sprechen den Pollenmutterzellen anderer Objecte, theilen sich
aber nicht mehr. Das ganze Pollinium erhält eine starke,
cutinisirte Haut und auch die Mittelschichten zwischen den
Pollenmutterzellen widerstehen der concentrirten Schwefelsäure. Der Inhalt einer jeden Pollenmutterzelle zeigt sich
aber noch von einer nicht cutinisirten, farblosen, in ihrem
Verhalten einer Intine entsprechenden Membran umgeben.

Es ist neuerdings von Wille[1]) die Behauptung aufgestellt
worden, dass zahlreiche Pollenkörner der Angiospermen ihre
Haut nicht als eigene Membran ausbilden, sie vielmehr aus
der innersten Membranlamelle der Specialmutterzelle differenziren.[2]) Wille führt eine ganze Anzahl von Pflanzen an,
welche dieses Verhalten zeigen sollen, und kommt zu dem
Resultate, selbst nahe verwandte Species könnten sich in
dieser Beziehung verschieden verhalten. Eine Pflanze wird
von Wille zunächst besonders behandelt, weil sie von der
gewohnten Bildung einer polleneigenen Haut zu derjenigen
aus der Innenlamelle der Specialmutterzelle hinüberleiten
soll: diese Pflanze ist Symphytum officinale. Wille
giebt an,[2]) dass junge Pollenzellen, die durch mechanischen
Druck oder durch Wasseraufnahme aus der Tetrade befreit
werden, von einer dünnen, doch an zwei Stellen oft stark
verdickten Membran, welche die eigentliche Pollenhaut deckt,

1) Ueber die Entwicklungsgeschichte der Pollenkörner der Angiospermen und das Wachsthum der Membranen durch Intussusception.
1886. p. 30.

2) l. c. p. 28.

3) Wille hat, was ihm unbekannt geblieben, in dieser Auffassung schon Juranyi als Vorgänger gehabt, der sogar noch weiter
ging und behauptete, dass alle Blüthenpflanzen ihre Pollenhaut aus
der innersten Schicht der Mutterzellwand erzeugen. Bot. Ztg. 1882.
Sp. 839, 840.

umgeben sind. Diese äussere Membran wird in Wasser bald
abgesprengt, sie entspricht der Innenschicht der Specialmutterzellen. Wäre hier, meint Wille, die Bildung der inneren
Membran ganz unterblieben und hätte sich die äussere zur
Exine und Intine umgebildet, so hätten wir den zweiten
Typus der Pollenhautbildung vor uns. — Ich kann die Angaben von Wille, soweit sie das Thatsächliche der Erscheinung bei Symphytum officinale betreffen, auf Grund meiner
Untersuchungen, bestätigen. Die jungen Pollenkörner können
in Wirklichkeit, sammt der Innenschicht der Specialmutterzelle, aus den Tetraden befreit werden. Diese Erscheinung
bei Symphytum officinale hängt, wie ich feststellen konnte,
damit zusammen, dass im natürlichen Verlauf der Entwicklung die Tetradenwände, ausgenommen eben jene resistentere
Innenschicht, aufgelöst werden, bevor noch die Pollenkörner
sich mit einer eigenen Haut umkleidet haben. Erst nachdem letzteres geschehen, werden auch diese Innenschichten
der Specialmutterzellen aufgelöst. Die Innenschicht der
Specialmutterzellen erscheint im optischen Durchschnitt an
zwei gegenüberliegenden Stellen stärker verdickt; thatsächlich umläuft die verdickte Stelle das ganze Pollenkorn und
entspricht dem Aequator desselben. d. h. der Zone, die an
der Grenze von Bauch- und Rückenfläche liegt. Dieser verdickten Zone der Innenschicht der Specialmutterzelle gemäss,
entwickelt das Pollenkorn seine äquatorial, zu einem Ringe.
angeordneten Austrittsstellen. Die verdickte Zone der Innenschicht der Specialmutterzelle erscheint im optischen Durchschnitt, bei horizontaler Lage, schwach festonirt, und zwar
correspondiren die etwas vorspringenden Stellen derselben mit
den etwas einspringenden Austrittsstellen an der Pollenhaut.
Das junge Pollenkorn ist an den Polen abgeflacht und sinkt
dort an Alcohol-Material noch stärker ein; während seiner
weiteren Entwicklung erfährt es aber gerade in Richtung der

Pole eine bedeutende Streckung. so dass das ellipsoidische
Korn in dieser Richtung seine grösste Achse zeigt. — Sehr
häufig wurden in dem von mir untersuchten Material von Symphytum officinale mehr als vier Pollenzellen in einer Mutter-
zelle gebildet.

Die Entstehung der Pollenhaut aus der Innenschicht der
Specialmutterzellen illustrirt Wille im Besonderen an Ficaria
ranunculoides und an einer Weigelia. Ich untersuchte Weigelia amabilis Thunb. des hiesigen botanischen Gartens,
an frischem sowohl. als auch an Alcohol - Material. Die
reifen Pollenkörner der Weigelia zeigen drei vorspringende
Austrittsstellen und sind an der Oberfläche mit kleinen. un-
gleich langen Stacheln besetzt. Die drei Austrittsstellen
liegen im Aequator des Pollenkorns. also wiederum innerhalb jener Zone vertheilt, welche in der Tetrade die nach
aussen gelegene Rückenfläche, von der nach innen zu gelegenen Bauchfläche am Pollenkorn scheidet. Die Entwicklungsgeschichte ist am besten an Alcohol-Material zu verfolgen, wurde übrigens an frischem Material dauernd con-
trolirt. Das Alcohol-Material kam in verdünntem, schwach
mit Congoroth tingirtem Glycerin zur Beobachtung. An so
hergestellten Präparaten, den entsprechenden Entwicklungszustand vorausgesetzt, kann man sich auf das Bestimmteste
überzeugen, dass auch hier die Pollenhaut als eigene Haut,
neu aus der Hautschicht des Pollenkorns, und nicht durch
Metamorphose aus der Innenschicht der Specialmutterzell-
wandung hervorgeht. In der That liegt diese Haut bei ihrer
Entstehung der Specialmutterzellhaut dicht an, ist aber von
ihr sofort in ihrer Structur verschieden und färbt sich intensiv
mit Congoroth. während die gequollenen Specialmutterzellwände sich gleichzeitig nur schwach rosa tingiren. Drückt
man aus frischem Material auf Entwicklungszuständen, welche
die erste Anlage der Pollenhaut enthalten, die jungen Pollen-

körner in das umgebende Wasser heraus, so zeigen sich die Specialmutterzellen mit ganz derselben Innenschicht, wie vor Anlage der Pollenhäute begrenzt. Was schlechterdings jede Möglichkeit einer Entstehung der Pollenhaut an der Innenschicht der Specialmutterzelle ausschliesst, ist endlich die an Alcohol-Material leicht klarzustellende Entwicklungsgeschichte der Austrittsstellen in dieser Haut. Die entstehende Pollenhaut ist nämlich an jenen Stellen stark quellbar und so markiren sich dieselben als linsenförmige helle Körper bereits zu einer Zeit, da die übrige Haut noch unmessbar dünn und kaum unterscheidbar ist. Auf einem etwas späteren Entwicklungszustand giebt das Bilder, die unserer Fig. 16, Taf. III entsprechen, einer Figur, die freilich kaum Aehnlichkeit mit den von Wille veröffentlichten[1]) Abbildungen zeigt. Nach Anlage der polleneigenen Haut werden die Wände der Tetrade langsam aufgelöst. Noch bevor diese Auflösung vollendet ist, beginnt die Bildung der Stacheln aus der Aussenfläche der Exine. An deren Bildung kann somit auch hier Periplasma nicht betheiligt sein. Die Austrittsstellen bleiben quellbar und reagiren von Anfang an und dauernd anders als die sofort mit den Eigenschaften einer cutinisirten Haut auftretende, übrige Pollenhaut. Um die Austrittsstellen ist die angrenzende Haut etwas stärker verdickt, die linsenförmigen Austrittsstellen gewissermaassen einfassend. Das Bild des jungen Pollenkorns, bald nach dessen Befreiung aus der Tetrade, zeigt sich dann etwa unserer Figur 17 gleich. Noch vor der vollen Reife entsteht, in dichtem Anschluss an die Exine, die Intine. Dieselbe wird unter den Austrittsstellen stärker verdickt, und dort gelingt es auch am leichtesten, sich von ihrer Blaufärbung durch Chlorzinkjodlösung zu überzeugen. Die Substanz der Austrittsstellen der Exine wird schliesslich körnig.

1) l. c. Taf. II, Fig. 43 und 44.

Die Exine giebt. die Austrittsstellen ausgenommen. deutliche
Gelbfärbung mit Salpetersäure-Ammoniak; von concentrirter
Schwefelsäure wird sie gelb gefärbt. Auffallend ist die An-
sammlung von Stärkekörnern unter den Austrittsstellen an
dem reifen Pollenkorn.

Wille führt[1]) eine ganze Liste von Pflanzen an. welche
die Entstehung der Pollenhaut aus der Innenschicht der
Specialmutterzelle zeigen sollen. Ich sah mich veranlasst.
eine Anzahl dieser Pflanzen nachzuuntersuchen.

Bei Veratrum album geht die Pollenhaut deutlich aus
der Hautschicht der Pollenzelle hervor und ist an Alcohol-
Material von der Innenschicht der Specialmutterzelle. die wir
weiterhin kurz als Grenzhäutchen bezeichnen wollen. meist
abgehoben. Sie schlägt Falten und ist es daher leicht festzustellen. dass dieses Grenzhäutchen nach Anlage der Pollenhaut noch unverändert vorhanden ist.

Bei Inula Helenium könnte man im ersten Augenblick in der That glauben, dass das stark lichtbrechende.
relativ dicke Grenzhäutchen der Specialmutterzellen die Pollenhaut bildet. Die junge Pollenhaut ist nämlich diesem Grenzhäutchen dicht angeschmiegt und zeigt sich das Grenzhäutchen auch wesentlich resistenter gegen Wasser, als die übrigen
Theile der Specialmutterzellwand, so dass man Zustände
findet. in welchen die letztgenannten Theile verquollen sind.
die Grenzhäutchen aber bestehen. Dass aber dennoch auch
hier die Pollenhaut als eigene Haut um das Pollenkorn gebildet wird. davon überzeugt man sich stets sicher an solchen
Tetraden. in welchen die Specialmutterzelle und die junge
Pollenhaut geplatzt sind und das Pollenkorn seinen Inhalt
entleerte. Da hat sich, namentlich nach längerer Einwirkung
des Wassers, die zarte Pollenhaut von dem als solches fort-

---

1) l. c. p. 32.

bestehenden Grenzhäutchen abgehoben und beide sind neben
einander zu sehen.[1]) Die junge Pollenhaut ist von Anfang
an dichter als das Grenzhäutchen und wesentlich dünner.
Noch innerhalb der Specialmutterzellen beginnen sich kleine
Stacheln von der zarten Pollenhaut zu erheben. Chlorzinkjodlösung färbt die sich bildenden Stacheln deutlich braun,
während eine bestimmte Färbung der so jungen Pollenhaut
nicht zu erreichen ist. Sobald sie an Dicke zugenommen,
wird auch die Pollenhaut ausgeprägt braun tingirt.

Bei Valeriana officinalis (Wille hat Valeriana dioica
untersucht) gilt es meist lange zu suchen, bis dass man den
richtigen Entwicklungszustand, der jedenfalls rasch durch-
laufen wird, trifft. Man zerdrückt einfach, um die entsprechenden Präparate zu erhalten, die jungen Blüthenknospen in Wassertropfen des Objectträgers. Hat man den
erwünschten Entwicklungszustand erlangt, so sieht man junge,
von einer ganz zarten Haut umkleidete Pollenkörner aus den
platzenden Specialmutterzellen stellenweise hervortreten. Innerhalb der Tetrade ist die Pollenhaut von dem Grenzhäutchen
nicht zu unterscheiden; nach Austritt des Pollenkorns beide
deutlich als verschieden zu erkennen. In etwas älteren An-
theren sind die Specialmutterzellen naturgemäss verquollen
und die jungen Pollenkörner so frei geworden.

Bei Campanula Rapunculus sieht es bei in Wasser
untersuchten frischen Objecten durchaus so aus, als wenn
die Grenzhäutchen zur Pollenhaut würden. Dass dieses
jedoch nicht der Fall, das lehren bereits entsprechend reife
Tetraden, welche in Wasser quellend die jungen Pollenkörner
entleeren und das unveränderte Grenzhäutchen zeigen. Zuvor
war die zarte Pollenhaut dem Grenzhäutchen so fest angedrückt,
dass eine Unterscheidung beider, selbst bei stärkster Ver-

---

1) Ganz ähnlich wie in der Figur 50, Taf. IV, bei Lamium.

grösserung, nicht möglich erschien. — An Alcohol-Material, das in Glycerin untersucht und mit Congoroth gefärbt wird, schwindet jeder mögliche Zweifel an der Richtigkeit der eben gegebenen Deutung.

Die von Wille untersuchte Campanula rapunculoides verhält sich nicht anders und bietet noch ein weit günstigeres Object für die Feststellung des richtigen Thatbestandes dar. Die Anlage der Pollenhaut erfolgt hier in weit grösseren Blüthenknospen, die ohne Stiel 8 bis 9 mm Länge messen. Hat man den richtigen Reifezustand getroffen, so quellen aus den frischen, in Wasser untersuchten Tetraden die jungen Pollenzellen, von äusserst zarter Haut umgeben, hervor (Taf. IV, Fig. 49). Die zarte Haut ist an der Oberfläche des Pollenkorns im ersten Augenblicke kaum zu unterscheiden, sie hebt sich aber alsbald von dem schrumpfenden Inhalte ab. Nicht minder deutlich erscheint das Grenzhäutchen der Specialmutterzellen, es ist sich vor und nach Anlage der Pollenhaut gleich geblieben.

Lamium purpureum besitzt ein scharf markirtes Grenzhäutchen in den Specialmutterzellen; die polleneigene Haut entsteht in unmittelbarem Contact mit demselben. Lässt man Alcohol-Material in stark verdünntem Glycerin quellen, so platzen stellenweise die reifen Specialmutterzellen und die Pollenkörner treten, von äusserst dünner, eigener Haut umgeben, aus denselben hervor. Die Pollenhaut hebt sich alsdann von dem Inhalte ab und ist nun leicht zu unterscheiden. — Nicht minder instructiv sind die entsprechenden Entwicklungszustände frisch im Wasser untersucht. Da platzen ebenfalls die Specialmutterzellen und entlassen die jungen Pollenkörner; oder letztere werden nicht frei, öffnen sich vielmehr innerhalb der Specialmutterzelle und entleeren ihren Inhalt wobei ihr äusserst zartes Häutchen Falten schlagend von dem Grenzhäutchen zurücktritt (Taf. IV. Fig. 50). Bei hinreichend

sorgfältiger Untersuchung kann ein Zweifel über den wahren
Ursprung der polleneigenen Haut hier schlechterdings kaum
aufkommen.

Cynoglossum officinale verhält sich nicht anders
wie Symphytum. Das Grenzhäutchen der Specialmutterzellen
bleibt zunächst erhalten und umgiebt das junge Pollenkorn.
Zum Unterschied von Symphytum wird aber dieses Grenzhäutchen in Wasser nicht gesprengt und nicht abgestreift.
Um den Sachverhalt hier richtig zu stellen, sind, bei der
geringen Grösse der Pollenkörner, sehr starke Vergrösse-
rungen nöthig.

Endlich begnüge ich mich zu bemerken, dass ich auch
für Geum urbanum (Wille untersuchte Geum rivale) den
Ursprung der polleneigenen Haut durch Neubildung sicher-
gestellt habe.

Wille glaubt eine Stütze für die Vorstellung, die er
sich von der Entstehung der Pollenhaut aus dem Grenzhäutchen der Specialmutterzelle bei bestimmten Pflanzen gebildet hat, in einer älteren Arbeit von Treub zu finden.
Er citirt wörtlich die Treub'schen Angaben, die sich auf
die Entwicklungsgeschichte des Pollens von Zamia muricata beziehen, doch ohne die Stelle, in welcher Treub
die Resultate einschränkt, die er erlangt zu haben meint.
Treub hebt nämlich selber hervor, das Ergebniss seiner
Untersuchung sei zu auffällig, als dass die Möglichkeit
eines Irrthums völlig ausgeschlossen wäre.[1] „Non pas
que je ne croie pas avoir apporté assez de soins à ces
études; mais les conclusions auxquels j'arrive différent
tellement de l'opinion généralement admise sur la genèse
des membranes propres de grains de pollen, que j'entrevois
toujours la possibilité d'une erreur de ma part. Je ne pense

---

1) Recherches sur les Cycadées, Ann. du Jard. Bot. de Buitenzorg. Vol. II, p. 39. Sep.-Abdr. p. 10.

pas m'être trompé. cependant.- Treub giebt an, dass nach
dem, was er bei Zamia muricata gesehen, gar keine freie
Bildung einer Cellulose - Hülle um die Plasmakörper der
jungen Pollenzellen gegeben wäre, die Pollenhaut vielmehr
ihren Urprung den inneren, sich allmählich verdickenden
Schichten der Tetradenwände zu verdanken hätte.

Mir stand in Alcohol eine männliche Blüthe von Ceratozamia longifolia zur Verfügung, welche die gewünschten
Entwicklungszustände in sich vereinigte. Die Untersuchung
wurde zum Theil in verdünntem, mit Methylgrün versetztem
Glycerin, zum Theil in mit Methylgrün versetzter 1proc.
Essigsäure, zu der ich eventuell noch ein wenig Schwefelsäure hinzufügte, ausgeführt. Nach möglichst eingehender
Untersuchung bin ich auch hier zu der Ueberzeugung gelangt,
dass die Pollenhäute um die jungen Pollenzellen angelegt
werden und mit dem Grenzhäutchen der Specialmutterzellen
nichts zu thun haben. Eigentlich folgt ein solches Resultat
auch schon aus den Treub'schen Untersuchungen, insofern
er angiebt, dass die Pollenhaut sich bei der Quellung von der
Specialmutterzellwand abhebt. Er schreibt diese Trennung
freilich den Folgen der Quellung zu, während sie thatsächlich schon in der Anlage begründet ist. — Die Tetraden von
Ceratozamia longifolia sind ebenso wie diejenigen von Zamia
muricata gebaut. Sie zeigen denselben vorspringenden, der
ersten Theilungsebene der Sporenmutterzelle entsprechenden
Wulst an ihrer Oberfläche und sind senkrecht zu der Richtung
dieser ersten Theilungsebene gestreckt (Taf. IV, Fig. 51). Alle
vier Pollenzellen liegen entweder in derselben oder in zwei
sich rechtwinkelig schneidenden (Fig. 51), oder in zwei mehr
oder weniger zu einander geneigten Ebenen. So lange die
Bildung der polleneigenen Haut nicht begonnen hatte. waren
an meinem Alcohol - Material die Tetraden nicht gefaltet;
hingegen zeigte sich nach Beginn der Pollenhaut-Bildung

jede Specialmutterzelle von aussen her eingesunken. Den Angaben von Treub entsprechend fand ich die Tetraden von einer wesentlich resistenteren, dünnen Aussenschicht umgeben. Diese Aussenschicht bleibt zunächst als dünne Hülle erhalten, während man die Tetraden in verdünnter Schwefelsäure verquellen lässt. Bei einer solchen Operation verquellen auch vollständig die nur wenig markirten Grenzhäutchen, ohne sich viel widerstandsfähiger als die sehr quellbaren, wenig dichten Mittelschichten der Specialmutterzellen zu zeigen. Da mir alle Mittelstufen zur Verfügung standen, so konnte ich die von Anfang an selbständige Bildung der polleneigenen Häute mit voller Sicherheit verfolgen. Der Beobachter kann hier in der That leicht irre geführt werden durch den Umstand, dass die Pollenhaut dicht dem Grenzhäutchen der Specialmutterzelle anliegt. und dass sie nicht irgendwie besonders structurirt ist, somit dem Grenzhäutchen auffallend gleicht. Ein Versehen ist hier somit leicht möglich, während die Structurverhältnisse der Exine bei Angiospermen-Pollenkörnern meist sofort bei ihrer Entstehung die nöthigen Anhaltspunkte zu einer Unterscheidung von dem Grenzhäutchen gewähren. Dass übrigens auch hier, so wie wir es in allen anderen Fällen gefunden, die Exine von Anfang an anders als die Specialmutterzellwände reagirt und den ihr eigenen chemischen Charakter sofort zur Schau trägt, das zeigt ihr von Treub bereits constatirtes Verhalten dem Methylgrün gegenüber. Sie wird durch letzteres intensiv gefärbt, während die Specialmutterzellwände ungefärbt bleiben. Nicht die Innenschichten der Specialmutterzellen sind es aber, die ihren chemischen Charakter langsam verändern und dabei tinctionsfähig werden, vielmehr tritt die tinctionsfähige Hülle in unmittelbarem Contact mit dem Grenzhäutchen. als äusserst zarte, allmählich an Dicke zunehmende Membran auf. Um dieselbe vom ersten Stadium der Entstehung an sichtbar zu

machen, behandelte ich die betreffenden Tetraden mit Methyl-
grün-Essigsäure und liess nun vom Deckglasrande aus langsam verdünnte Schwefelsäure hinzutreten. Unter Einwirkung
der letzteren erfolgten Quellungen, welche stets eine Ablösung der polleneigenen Haut von dem Grenzhäutchen zur
Folge hatten, wobei die polleneigene Haut zunächst noch deutlich grün blieb. Die Ablösung erfolgte ohne alle Zerreissung,
war deutlich ein Abheben, und lehrte, dass die polleneigene
Haut von Anfang an vom Grenzhäutchen getrennt war.
Unsere Fig. 51, Taf. IV, zeigt eine durch solche Behandlung
zur Quellung gebrachte Tetrade, in welcher die polleneigenen
Häute bereits messbare Dicke erlangt hatten. — Auf späteren
Entwicklungszuständen werden, den Angaben Treub's gemäss, die inneren und mittleren Verdickungsschichten der
Specialmutterzellen resorbirt, während die gemeinsame Aussenschicht der Sporenmutterzelle zunächst erhalten bleibt und
nun unmittelbar die vier Pollenzellen der Tetrade umgiebt.
Diese Art der Resorption, und nicht eine directe Umwandlung der Specialmutterzellwände in Pollenhäute, ist die Ursache jenes bereits von Treub constatirten Thatbestandes.

Ganz ähnliche Bilder wie in verdünnter Schwefelsäure
liefert die Verquellung in Millon's Reagens. Eine ausgeprägte Färbung unreifer oder reifer Pollenhäute war hier
weder mit Millon's Reagens noch mit Salpetersäure-Ammoniak zu erzielen. Auch sind diese Pollenhäute nur schwach
cutinisirt und werden von Chlorzinkjodlösung weniger stark
gelbbraun als sonst Exinen gefärbt.

Die reifen Pollenkörner, die ich frisch untersuchte,
zeigten an der Exine ebenfalls keine ausgeprägte Structur,
nur schwach radiale Streifung. Die Exine erreicht auch nicht
grössere Dicke. An der Innenfläche der Exine war in reifen
Pollenkörnern eine zarte Intine nachzuweisen und namentlich
leicht beim Zerdrücken der Körner sichtbar zu machen.

Da mir bekannt war, dass Herr Guignard sich mit der Entwicklungsgeschichte des Cycadeen-Pollens in der letzten Zeit befasst hatte, so frug ich auch bei demselben an, zu welchem Resultate er in Bezug auf die Anlage der Exine bei Cycadeen gekommen sei. Herr Guignard theilte mir hierauf am 19. Juli dieses Jahres mit, dass er kein Bedenken trage auszusprechen, dass bei Ceratozamia, trotz des manchmal entgegengesetzten Scheines, die Pollenhaut als Neubildung auftrete. Herr Guignard autorisirte mich, von dieser seiner Mittheilung Gebrauch zu machen.

Von Interesse schien es mir, im Vergleiche mit den Cycadeen, auch nochmals meine früheren Angaben über Coniferen-Pollen zu prüfen.[1] Es ist überaus leicht bei Pinus Laricio festzustellen, dass, der allgemeinen Regel gemäss, die Plasmakörper innerhalb der Tetrade sich mit polleneigenen Wänden umgeben. Diese Wände nehmen an Dicke zu, während die Tetradenwände aufgelöst werden, und nachdem letzteres geschehen, beginnt die Bildung der Flügel. Der Vorgang schliesst zunächst an den in so vielen anderen Fällen beobachteten an. Es hebt sich nämlich eine Aussenschicht der Pollenhaut, der Exine, von einer annähernd gleich starken Innenschicht ab und es werden hier auch zwischen diesen beiden Schichten netzförmig angeordnete Leisten eingeschaltet. Während aber die Leistenschicht an den sonstigen Stellen der Haut nur geringe Höhe erreicht, wächst sie ziemlich bedeutend an den Stellen der Flügel aus. Dort wird weiterhin, durch Vermittlung einer zwischen Aussen- und Innenschicht gebildeten, sehr quellbaren Substanz, die Aussenschicht gedehnt und ganz abgehoben, wobei die Leisten von der Innenschicht völlig getrennt werden. Das giebt Bilder wie unsere Figur 52, Taf. IV. Die Zusammensetzung der Exine aus

1) Vgl. Ueber Bau und Wachsthum der Zellhäute. p. 115.

zwei gesonderten, durch die Netzleisten getrennten Schichten
ist, hinreichend starke Vergrösserung vorausgesetzt. auch
ausserhalb der Flügel leicht zu verfolgen. Die Dehnung der
Flügeldecken bringt es mit sich. dass die Leisten an denselben auseinander rücken und bei Aufsicht ein relativ weites
Maschennetz bilden, welches hingegen an den übrigen Stellen
der Haut sehr eng ist. Es muss angenommen werden, dass
die Flügeldecken, da sie nicht wesentlich dünner werden,
während der Streckung Nahrung erhalten, was auch hier,
sonstigen Erfahrungen gemäss, durch Eindringen lebendiger
Substanz allein erfolgen dürfte. Die Bildung der Intine
findet erst kurz vor der Reife statt.

Die Sporen-Häute der Lycopodiaceen, Filices, Equisetaceen und Muscineen.

An diese Schilderung der Entwicklungsvorgänge. die
sich auf die Pollenhäute beziehen, wollen wir noch diejenige
der Entwicklung einiger Sporenhäute anschliessen. Wie es
sich in Sporen und Pollenkörnern um homologe Gebilde
handelt. so decken sich. der Hauptsache nach, auch die Vorgänge ihrer Hautbildung und die durch dieselben erzielten
Structuren, so auch stimmen die Häute in mikrochemischer
Beziehung nahe überein. Immerhin fehlt es auch nicht an
Erscheinungen. die bei der Hautbildung der Sporen allein
bis jetzt beobachtet worden sind und solche haben uns ja
auch bei Anlage der Perine der Hydropterideen bereits be-
schäftigt.

Wir beginnen hier zunächst mit den, in mancher Beziehung eigenartigen Sporen der Lycopodiaceen.

Meine Untersuchung erstreckte sich diesmal auf Lycopodium complanatum, Subsp. Chamaecyparissus, L. clavatum

und L. Selago. Die hier zu gebende Schilderung bezieht sich zunächst auf Alcohol-Material von L. Chamaecyparissus.

Die reifen Sporen von Lycopodium Chamaecyparissus haben eine bräunlich gefärbte Haut, die mit einem netzförmigen Leistenwerk besetzt ist, das an den Knotenpunkten schwach vorspringende Zäpfchen trägt. An der dreiflächig pyramidalen Bauchfläche nehmen die Maschen des Netzwerks an Höhe ab und erlöschen, bevor sie die drei leistenförmig vorspringenden Kanten der Pyramide erreichen, sich stellenweise zuvor in isolierte Leistchen und Zäpfchen auflösend.[1] Lässt man Chromschwefelsäure zu den in Wasser liegenden Sporen treten, so schmilzt allmählich das Leistenwerk ab und die Oberfläche der Haut zeigt sich nun, den Leisten gemäss, areolirt. Weiterhin wird die ganze Haut gelöst. Auf Querschnitten (Taf. III, Fig. 42) constatirt man leicht, dass die Leisten etwas keulenförmig nach aussen anschwellen und dass sie einer ziemlich stark lichtbrechenden und dicken Haut aufgesetzt sind. Am meisten wird die Untersuchung solcher Querschnitte durch die Behandlung mit Chlorzinkjodlösung gefördert, in welcher die Haut etwas quillt. Es lässt sich jetzt an derselben (Taf. III, Fig. 42) eine schwächere Aussenschicht, welche die Leisten bildet, und eine stärkere Innenschicht unterscheiden, deren Innenrand sich noch mehr oder weniger selbständig markirt. Nach der Bauchkante zu wird die Sporenhaut etwas dicker und färbt sich dort in den inneren Lagen braun. Gleichzeitig nimmt dort eine innerste Partie derselben meist deutlich violette Färbung an. An der Bauchfläche der Spore ist somit die Haut schwächer cutinisirt, ja in ihren innersten Lagen reagirt sie sogar auf Cellulose. Eine besondere, von der hier geschilderten Exine zu trennende Intine ist nicht vorhanden. Ich habe nach letzterer ebenso

---

1) Vergl. auch Leitgeb, Bau und Entwicklung der Sporenhäute. p. 69.

vergeblich bei Lycopodium Chamaecyparissus als auch bei L.
clavatum und L. Selago gesucht, und wenn auch bei L. Selago
die blau zu färbende Lamelle stärker entwickelt ist und auch
auf grössere Ausdehnung hin an der Innenseite der Sporenhaut sich verfolgen lässt, so bleibt sie doch unzweifelhaft
überall nur ein innerster Bestandtheil der Exine.[1] Keimende
Lycopodiumsporen stehen mir nicht zur Verfügung, doch kann
ich kaum annehmen, dass es dieser in keinem Falle von der
Exine abhebbare, nur an der Bauchfläche blau zu färbende
Bestandteil derselben sein sollte, der bei der Keimung als
Intine volle Selbständigkeit erlangen und die Exine abstreifen
sollte. Aus den Bildern von de Bary[2] und Treub[3] ist vielmehr zu schliessen, dass diese Intine erst späterhin, wohl
jedenfalls erst bei der Keimung, gebildet werde. — Lässt
man Chromschwefelsäure auf die Querschnitte der Sporen
von Lycopodium Chamaecyparissus oder L. clavatum einwirken, so zeigt sich die Innenschicht der Exine nicht resistenter als die Aussenschicht, eher umgekehrt; das scheinbar entgegengesetzte Verhalten an ganzen Sporen erklärt
sich aus dem Umstande, dass alsdann die Aussenfläche mit
der Chromschwefelsäure zunächst in Berührung tritt. Der
Eau de Javelle widerstehen die Sporenhäute der Lycopodien,
selbst auf Querschnitten, in ganz auffallender Weise.

Die Haut der Sporenmutterzellen von Lycopodium Chamaecyparissus ist deutlich geschichtet. Gleich nach vollzogener Viertheilung beginnt hier aber eine eigenthümliche
Verdickung der Sporenmutterzellen, und zwar durch Verdickungsmassen, die polsterförmig in das Innere der Specialmutterzellen vorspringen. An günstigen Präparaten aus
Alcohol-Material, die in concentrirtem Glycerin untersucht

1) Leitgeb, l. c. p. 71. deutet sie hingegen als Intine.
2) Bot Ztg. 1887. Taf. II. Fig. 7.
3) Ann. du jard. bot. de Buitenzorg. Bd. IV. Taf. IX.

werden müssen, erscheint das Cytoplasma der Sporen-Anlage
an seiner Oberfläche festonirt, indem es mit zarten Leisten
zwischen die Verdickungsmassen der Specialmutterzellwände
hineinreicht (Taf. IV, Fig. 39). Das Bild wird besonders
schön, wenn man das Glycerin mit einer Spur von Congoroth versetzt, das den Sporen-Inhalt intensiv tingirt. In die
Verdickungsart der Specialmutterzellwände gewinnt man den
besten Einblick, wenn man in concentrirtem, mit Hämatoxylin versetztem Glycerin die Sporenmutterzellen entsprechender Entwicklungszustände zerdrückt. Die abgelösten Stücke
der violett gefärbten Specialmutterzellwände zeigen sich alsdann aus polygonalen, den verdickten Stellen der Wand entsprechenden Feldern gebildet. Lässt man auf Alcohol-Material
dieses Zustandes Wasser, das mit Hämatoxylin schwach gefärbt ist, einwirken, so stellt sich ein sehr merkwürdiges
Schauspiel ein. Eine äussere, schwächer gefärbte Verdickungsschicht der Specialmutterzelle wird gesprengt, es tritt aus
derselben eine nächstfolgende, besonders scharf markirte und
besonders stark gefärbte Membranschicht blasenförmig hervor,
wird ebenfalls gesprengt und befreit eine Kugel, welche die
vier Sporenanlagen enthält (Taf. IV, Fig. 38). Diese innere
Kugel weist nur noch eine sehr dünne, gemeinsame, die
Specialmutterzellen unmittelbar umgebende Hülle auf. —
Die Quellbarkeit der Mutterzellhäute und Specialmutterzell-
häute nimmt weiterhin ab, doch bleibt sie noch auf den
nächstfolgenden Entwicklungsstadien bestehen, so dass an
diesen ähnliche Effecte unter Wasser zu erzielen sind. Etwas
ältere Sporenanlagen treten unter solchen Bedingungen aus
dem Verbande. Nachdem die Verdickung der Specialmutterzellwände vollendet ist, geht aus der festonirten Hautschicht
der Sporenkörper, die Anlage von sporeneigenen Häuten hervor. Die sporeneigene Haut zeigt von Anfang an nur geringe
Quellungsfähigkeit (Fig. 40). Sie wird weiterhin verdickt,

und da die vorspringenden Leisten gleich bei ihrer Anlage
solid sind, so glättet sich der Contour der wachsenden Haut
bald an der Innenseite ab. Die Aussenschicht der Haut,
welche die Leisten bildet, setzt sich alsbald etwas gegen die
Innenschicht ab, doch sind beide Schichten von Beginn an
verbunden und bleiben es auf die Dauer. Die Leisten der
Aussenschicht nehmen nach ihrer Anlage noch an Höhe zu
und es muss somit angenommen werden, dass zu ihrer Ernährung Substanz vom Zellkörper aus, durch die Innenschicht
hindurch, ihnen zugeführt werde. Aussen- wie Innenschicht
der Exine geben ausgeprägte Gelbfärbung mit Salpetersäure-
Ammoniak, sowie auch deutlich die Rothfärbung mit Millon'schem Reagens. Die umhüllenden Mutter- und Specialmutterzellwände werden erst nach Erreichung des fertigen
Zustandes der Sporenhaut gelöst, die Sporen treten schliesslich
aus dem Verbande und sind in völlig reifem Zustande auch
von einer Schleimschicht nicht mehr umhüllt.

Lycopodium clavatum besitzt ganz den nämlichen
Sporenbau wie L. Chamaecyparissus und auch die nämliche
Entwicklungsgeschichte. Ob die Sporenmutterzellhäute, wenn
Alcohol-Material in Wasser untersucht wird, dieselben Diffe-
renzirungserscheinungen zeigen, konnte ich aus Mangel an
Material, da mir jüngere Zustände nur in einem älteren Dauer-
präparate zur Verfügung standen, nicht feststellen.

Lycopodium Selago zeigt auf der Oberfläche der
Sporenhaut nur stumpf vorspringende Höcker, die an Querschnitten als flache Zähne erscheinen. Im Uebrigen ist der Bau
der Haut mit demjenigen der beiden anderen Lycopodium-
Arten übereinstimmend. Die Aussenschicht der Exine, welche
die Leisten bildet, tritt nach Chlorzinkjodbehandlung mit
goldgelber Farbe scharf hervor, während die dickere Innenschicht sich der Hauptsache nach hellgelb, mit einem Stich
in's grünliche, färbt. Innerhalb der vorspringenden Kanten,

an der Bauchseite, ist die Braunfärbung der äusseren, die
Violettfärbung der innersten Theile der Innenschicht bei
dieser Species besonders schön zu verfolgen.

Die eigene Art der Verdickung der Specialmutterzellwände,
wie wir sie in Lycopodium-Sporen vorfinden, war uns noch
nicht begegnet, und so auch nicht die eigenthümliche Bildung
der sporeneigenen Haut im Anschluss an diese Verdickungsschichten. Auf die Bildung der sporeneigenen Haut folgt hier
alsbald eine Verdickung derselben. Diese Verdickung mag
sehr wohl durch Apposition von Membranlamellen erfolgen:
Andeutungen eines lamellösen Baues, sowie die etwas verschiedenen Reactionen der aufeinander folgenden Partien der
Haut, weisen darauf hin. Jedenfalls findet aber eine weitere
Ernährung der so angelegten Hauttheile durch Einwanderung
von Substanzen aus dem Zellinnern statt. Das geht besonders
aus der nachträglichen Grössenzunahme der Leisten hervor.
Eine Intine mag erst bei der Keimung gebildet werden.

Die Exine der Sporen von Osmunda regalis zeigt,
von oben gesehen, eine maeandrische Zeichnung, die von unregelmässig contourirten, in einander greifenden Leisten her-
rührt. Diese Leisten präsentiren sich an Querschnitten als
zäpfchenförmige Auswüchse. Die Zäpfchen entspringen einer
homogen erscheinenden Haut, an der sich, wie Leitgeb
richtig angiebt[1]), nach längerer Chlorzinkjod-Behandlung eine
etwas dickere, rothbraun gefärbte Innenschicht von einer
schwächeren, hellen, sich in die Zäpfchen fortsetzenden
Aussenschicht unterscheiden lässt. Nach Behandlung mit concentrirter Schwefelsäure färbt sich die Innenschicht braunroth, während die Aussenschicht, sammt Zäpfchen, sich nur
schwach tingirt. Auf Grund der jetzt angestellen Untersuch-

---

1) l. c. p. 63.

ungen muss ich. älteren und neueren[1] Angaben gemäss. die
Existenz einer zarten Intine in den reifen Sporen zugeben.
Man überzeugt sich von dem Vorhandensein derselben am
leichtesten. wenn man, wie Leitgeb, die Sporen mit Chromschwefelsäure behandelt; die Exine wird alsdann rasch aufgelöst. während die Intine zunächst widersteht und als zartes
Häutchen den Sporeninhalt umgiebt. Auch kann man. wie
es frühere Beobachter gethan. starke Kalilauge auf die Sporen
einwirken lassen, wobei letztere häufig platzen und ihren
Inhalt, von der zarten Intine umgeben, entleeren. Nach vor-
hergehendem Auswaschen gelingt es alsdann sogar, die Intine
mit Chlorzinkjodlösung intensiv blau zu färben.

Die Entwicklungsgeschichte lehrt. dass die Sporen sich
innerhalb der Specialmutterzellen mit eigener Membran umgeben, deren Entstehung aus der Hautschicht nicht minder
auffällig wie bei vielen Pollenkörnern ist. Diese so angelegte zarte Haut ist die Exine, die nach der rasch erfolgen-
den Auflösung der Specialmutterzellwände an Dicke zunimmt.
Hierauf erst beginnt sich die maeandrische Zeichnung an der
Oberfläche der Exine zu zeigen, und deren Differenzirung
in eine Aussen- und Innenschicht zu vollziehen. Die Betheiligung der Specialmutterzellwände an diesen Vorgängen
ist somit ausgeschlossen. Doch auch aus dem umgebenden
Tapetenplasma lassen sich dieselben nicht ableiten. Ihre
Bildung geht vielmehr, so wie wir das bei Pollenkörnern gefunden hatten, bei Betheiligung von Substanzmassen vor sich,
welche die deutlich radial poröse Exine durchwandern. Be-
zeichnend ist es hierbei, dass die Exine erst kurz vor Auftreten der äusseren Zeichnung die Gelbfärbung mit Salpetersäure-Ammoniak zu geben beginnt. Von demselben Augenblicke an erfolgt auch erst ihre Rothfärbung nach Zusatz

---

1) Leitgeb, l. c. p. 62, dort die ältere Literatur.

von Schwefelsäure. Die Ausbildung der die maeandrisch vertheilten Leisten tragenden Aussenschicht der Exine von Osmunda ist somit keine andere als etwa die Differenzirung einer
Aussenschicht der Exine bei zahlreichen Pollenkörnern und
ebenso wenig darf es auffallen, dass diese Aussenschicht dann
auch etwas anders wie die Innenschicht reagirt. Die Anlage
der Intine erfolgte erst kurz vor der Reife der Sporen. Hin
und wieder findet man Sporen, an deren Bauchflächen die maeandrische Aussenschicht fehlt. Es tritt dies, wie Leitgeb
angiebt, dann ein, wenn die Sporen durch die sich auflösenden
Specialmutterzellwände verklebt geblieben sind. Dann unterbleibt eben eine Differenzirung der Aussenschicht der Exine
an den Contactflächen. Andererseits kommt es nach Leitgeb[1]
auch vor, dass die maeandrische Aussenschicht als gemeinsame Hülle um die ganze Tetrade ausgebildet ist, ohne sich
an die Scheidewände derselben zu kehren. In solchen Fällen,
muss ich annehmen, hat die Bildung der Exine um den Inhalt der Sporenmutterzellen vor deren Theilung begonnen.
Es ist auf Grund dieses letzten Vorkommnisses anzunehmen,
dass auch hier die Exine zunächst durch Anlagerung neuer
Membranlamellen und hierauf erst durch Einwanderung von
Substanz in dieselben wächst, und so dürften denn in einem
solchen Falle, wie der letztgenannte, die äusseren Lamellen
der Exine an den erst später gebildeten Scheidewänden ge-
fehlt haben.

Meine älteren Angaben über die Entwicklungsgeschichte
der Sporen von Equisetum haben sich auch bei erneuerter
Untersuchung als richtig erwiesen und verlangen der Correctur
nur in untergeordneten Punkten. Zunächst sei daran erinnert,
dass die reife Spore von einer äussersten, die Elateren bilden-

1) Leitgeb, l. c. p. 65.

den Hülle umgeben ist, und ausserdem noch zwei dicht anliegende Häute besitzt. Die äussere der letztgenannten Häute,
die ich als Mittelhaut bezeichnet hatte[1], steht der inneren
an Dicke wesentlich nach. Ausserdem lässt sich noch um
den Sporeninhalt ein äusserst zartes, nicht immer scharf nach
innen abgegrenztes Häutchen erkennen, das als Intine zu de-
finiren ist.[2] Diese Intine lässt sich mit Chorzinkjodlösung
blau färben, während die Mittel- und Innenhaut, welche als
Exine zusammenzufassen sind, rothbraune Färbung annehmen.
Die Elateren färben sich bekanntlich in ihren nach innen gekehrten Theilen schön violett, während sie an der Aussenseite farblos bleiben. Der Innenseite der Elateren haften
für gewöhnlich Körnchen an, die sich ähnlich wie die Substanz dieser Elateren verhalten. Sie nehmen in Chorzinkjodlösung einen mehr oder weniger deutlichen hellvioletten
Ton an, ohne sich mit Jodlösung allein zu färben. Die Sporen
von Equisetum palustre, E. limosum und E. Telmateja verhalten sich in allen Punkten gleich und beziehen sich die
hier gemachten Angaben sowohl auf die Untersuchung der
ganzen Sporen als auch der Querschnitte.

Die Entwicklungsgeschichte hatte ich seinerzeit an Equisetum limosum studirt, diesmal diente mir Equisetum palustre
zu dem gleichen Zweck. Wie ich das früher schon geschil-
dert habe, tritt das Protoplasma der Tapetenzellen hier
zwischen die Sporenmutterzellen gleich nach deren Isolirung
ein[3] und umgiebt dieselben. Nach der Theilung treten
die Sporen-Anlagen gleich auseinander und zeigen sich in
Gallertblasen eingeschlossen. Ich liess diese Blasen aus den
gequollenen Specialmutterzellwänden hervorgehen, stellte jetzt
aber fest, dass die Specialmutterzellwände, ganz wie bei den

---

1) l. c. p. 121.
2) Vgl. über diesen Nachweis bei Leitgeb, l. c. p. 67.
3) l. c. p. 119.

Hydropterideen. aufgelöst werden, und das umgebende stärke-
reiche Protoplasma zwischen die Sporen-Anlagen. dieselben
auseinander drängend und allseitig umhüllend. eintritt. Damit
erscheinen die nackten Sporen-Anlagen direct von den zu
einem Plasmodium verschmolzenen Protoplasten der Tapetenzellen umgeben (Taf. IV, Fig. 43). Dieses Hüllplasma ist
es, welches hierauf um jede Sporen-Anlage die Gallerthülle
erzeugt. Hat aber die Gallerthülle eine bestimmte Mächtigkeit erlangt, so bildet das Cytoplasma der Sporen-Anlage
seine Hautschicht in eine zarte Membran um. Die bis dahin
runden Sporen-Anlagen erscheinen hierauf an Alcohol-Präparaten unregelmässig gefaltet (Fig. 45). Kurz vor Fertigstellung der Gallerthülle werden an deren Oberfläche kleine.
stark lichtbrechende Körnchen sichtbar. die nicht anders als
die den fertigen Elaterenbändern anhaftenden reagiren, nur
geringere Grösse besitzen. Diese Körnchen dürften aus einem
der Cellulose verwandten Kohlehydrat bestehen. Mit Chlorzinkjodlösung nahmen sie wohl einen hellvioletten Ton an,
während die Gallerthülle farblos bleibt. die Haut der Spore sich
zunächst gelblich, bei zunehmender Dicke braun, auf keinem
Entwicklungszustand aber violett tingirt. Die Dickenzunahme
der Sporenhaut, die als Exine zu bezeichnen ist. schreitet
rasch innerhalb der Gallerthülle fort; hat dieselbe aber eine
bestimmte Mächtigkeit erreicht, so beginnt sie sich von deren
Oberfläche als besondere Membran abzuheben. Mit Chlorzinkjodlösung kann man diese Abhebung auf Stadien veranlassen, die zunächst von der doppelten Zusammensetzung
der Sporenhaut noch nichts erkennen lassen. Diese Aussenschicht quillt in der Chlorzinkjodlösung und beginnt daher
Falten zu schlagen (Fig. 47). Sie ist zunächst äussert dünn
und ihre Falten springen dann nur wenig von der Innenschicht ab; in der Folge wächst aber ihre Dicke und jetzt
hebt sie sich auch mehr oder weniger vollständig von der

Innenschicht ab, mit weiten unregelmässigen Falten in die
Gallerthülle hineinragend. Hierauf beginnt um die Gallerthülle die Ausbildung der Elateren. Von da an zeigt die
Oberfläche der Gallerthülle Cellulose-Reaction. Bei Quellung
in Chlorzinkjodlösung stellt sich heraus, dass diese Anlage
der Aussenhaut sofort in Schraubenbänder, den Elateren entsprechend, differenzirt ist und so auch erfolgt bei Druck
auf die Kugeln die Trennung der Continuität (Fig. 47), wobei
die Gallertmasse an den Trennungsstellen hervorquillt. Dass
die Anlage der Elateren der Gallertblase aufgelagert wird,
erkennt man leicht an dem Umstande, dass die Körnchen,
welche die Peripherie der Blase einnahmen, an der Innenfläche der Elateren-Anlage zu liegen kommen, und dass sie
bei Sprengung der Gallertblase mit sammt den quellenden
Gallertmassen nach aussen treten (Fig. 47). Die Elateren-
Bänder nehmen rasch an Dicke zu, deutlich auf ihrer Aussenseite wachsend. Ihre blau sich färbenden, zuerst angelegten
Theile werden von weniger tingirbaren nach aussen verdeckt
(Fig. 48). Die Sporen-Anlagen nehmen zu gleicher Zeit an
Grösse zu, ihre Exine wird dicker und die beiden Schichten
derselben liegen schliesslich dicht an einander; die Gallertmasse in der Umgebung der Sporen schwindet, die Elateren
erlangen ihre volle Ausbildung und das Hüllplasma wird
vollständig verbraucht. — Den Schluss der Entwicklung
bildet die Anlage der äusserst zarten Intine um den Sporenkörper.

Nach dieser Schilderung ist es klar, dass wir in den
Elateren der Equisetum-Sporen eine echte Perine vor uns
haben, das heisst eine Hülle, welche diesen Sporen von einem
andern Plasmakörper aufgelagert wird. Es unterliegt keinem
Zweifel, dass es das umgebende Plasmodium ist, welches
hier die Elateren um die Gallerthülle bildet, ähnlich wie
Membranschichten um Gallertblasen etwa bei Marsilia ent-

stehen. Allem Anschein nach wächst die Elateren-Anlage hier durch Auflagerung nach einander gebildeter Membran-Lamellen. Die Exine um die Sporenkörper wird auch erst nach Anlage der Gallerthüllen gebildet als zarte Membran, die weiter an Dicke zunimmt. Die Aussenschicht dieser Exine hebt sich weiterhin von der Innenschicht ab. Möglich ist es, dass sich diese Aussenschicht von der Innenschicht in ähnlicher Weise abspaltet, wie wir dies bei so vielen Pollen-körnern gesehen, möglich aber auch, dass die inneren Verdickungsmassen der Exine von Anfang dem zuerst angelegten Häutchen nur anliegen. Es würde das voraussetzen, dass die Exine durch Apposition neuer Lamellen, oder doch mindestens einer solchen Lamelle, hier in die Dicke wachse. Für die Entscheidung dieser Frage fehlen die Anhaltepunkte; sicher scheint hingegen, dass die Anlage der Exine auch durch Substanz-Einwanderung wächst. So ist vor Allem die nachträgliche Flächen- und Dickenzunahme der von der Innenschicht abgetrennten Aussenschicht der Exine begreiflich. Die Annahme einer Substanz-Einwanderung in diese Häute wird auch durch die Reactionen gestützt. Die Exine giebt auf allen Entwicklungsstadien ausgeprägte Gelbfärbung mit Salpetersäure-Ammoniak und Rothfärbung mit Millon's Salz, welche Färbungen an der Perine nie gelingen.

An die bei Lycopodium-Sporen geschilderten, durch die Verdickung der Specialmutterzellwände charakterisirten Vorgänge schliessen sich die in den Riccia-Sporen zu beobachtenden an.

Die dunkelbraunen Sporen von Riccia glauca zeigen sich auf der Rückenfläche, sowie auch auf den drei Bauchflächen, netzförmig areolirt und sind von einem äquatorialen Flügel, das heisst einem an der Grenze von Rücken- und Bauchfläche verlaufenden Saum umgeben. An den dorsalen

Enden der drei Leisten der Bauchfläche zeigt der Saum eine
farblose, concave Vertiefung, die sich an jüngeren Sporen
hingegen als Papille vorwölbt. Diese Papille sinkt eben im
fertigen Zustand zusammen, ist eventuell auch ganz desorganisirt. Lässt man, nach dem Vorbilde von Leitgeb, Chromschwefelsäure auf die reifen Sporen einwirken, so hebt sich
von denselben, so wie es Leitgeb beschrieben hat[1], eine
äussere, braune Haut, die rasch farblos wird, in Falten ab,
schwillt blasenförmig an und löst sich alsbald auf. Eine
nächstinnere, braune Haut bleibt zurück, welche durchaus
noch die typische Areolirung der unversehrten Sporenhaut
aufweist. Auf Querschnitten durch reife Sporen (Taf. III,
Fig. 20) überzeugt man sich auch von dem Vorhandensein
einer dritten Haut, der homogenen, unter den Falten der
beiden erstgenannten Häute continuirlich fortlaufenden Intine.
Diese tritt besonders schön nach Behandlung mit Congoroth
hervor, welches sie intensiv roth tingirt, die äussere und
die mittlere Sporenhaut aber unverändert lässt. Die äussere
und die mittlere Sporenhaut, die ich zunächst auch hier als
Aussenschicht und Innenschicht der Exine unterscheiden will,
sind in übereinstimmender Weise gefaltet und, den Saum
ausgenommen, nur durch ein wenig körnige Zwischensubstanz von einander getrennt. Innerhalb des Saumes treten
Aussenschicht und Innenschicht der Exine weiter auseinander.
Der Zwischenraum ist an jüngeren Sporen mit einer gallertartigen Substanz erfüllt, die sich in die körnige Zwischensubstanz der übrigen Sporenhaut fortsetzt. Späterhin er-
härtet diese Gallertsubstanz und schrumpft zusammen.

Die Entwicklungsgeschichte der Sporenhaut von Riccia
ist nicht ganz leicht zu gewinnen und daraus mögen sich
die Differenzen zwischen Leitgeb's[1] und meiner Schilde-

---

1) Ueber Bau und Entwicklung der Sporenhäute, p. 40.
2) l. c. p. 42 ff.

rung erklären. Gleich nach vollzogener Viertheilung der Sporenmutterzelle beginnt hier, ähnlich wie wir das schon bei Lycopodium zu beobachten Gelegenheit hatten, eine Verdickung der Specialmutterzellwände. Diese Verdickung erfolgt hier ebenfalls durch Verdickungsmassen, die sich polsterförmig in den Innenraum der Zelle vorwölben (Taf. III, Fig. 18). Die Verdickung ist etwas weniger ausgiebig an den Bauchflächen der Sporen als an deren Rückenfläche. Die Verdickungsmasse erscheint glashell und durchscheinend, ebenso wie die ursprüngliche Mutterzellwand. Zwischen die Verdickungsmassen springt das Cytoplasma der Spore leistenförmig vor und zeigt sich somit, in Oberflächenansicht, netzförmig gefeldert. Durch Druck auf das Deckglas, der die Tetraden zum Platzen bringt, gelingt es öfters, die Verdickungsmassen von den Aussenwänden glatt abzulösen, sie sind denselben somit, allem Anscheine nach, apponirt worden. Die verdickten Stellen gewinnen, bei gleichzeitiger Grössenzunahme der ganzen Tetrade, an Höhe und Breite und springen alsbald auffallend tief in das Innere der Sporen vor. Dieses starke Vorspringen ist freilich zu nicht geringem Theil der Quellung zuzuschreiben, welche die Verdickungsschichten in der Untersuchungsflüssigkeit erfahren. Nach Fertigstellung dieser Verdickungsschichten umgeben sich die Sporen mit einer eigenen Haut. Das Lichtbrechungsvermögen dieser Haut ist zunächst so wenig von demjenigen der Verdickungsschichten der Specialmutterzellen verschieden, dass es die letzteren zu zerdrücken gilt, um sich von der Existenz der ersteren zu überzeugen. Auf diese Weise gelingt es nämlich unschwer, die Sporenanlagen mit ihren jungen, gequollenen Wänden von den Verdickungsschichten der Specialmutterzellen zu trennen. Die junge Sporenwandung folgt den Ausbuchtungen der Verdickungsschichten der Specialmutterzelle und springt somit gleich bei ihrer Anlage mit Netzleisten vor. Nachdem die-

selbe eine bestimmte Dicke erreicht hat, wird vom Cytoplasma
aus eine zweite Haut angelegt. Diese zweite Haut schmiegt
sich annähernd den Umrissen der ersteren an und ist somit
gebuchtet wie jene. Beide Häute sind durch eine gallertartige Substanz getrennt, die nur am Saum eine starke Entwicklung erlangt. Diese gallertartige Substanz wird weiterhin körnig. Beide Häute sind am leichtesten getrennt am
Saume zu verfolgen. An diesem stellt man auch am besten
die allmähliche Zunahme der Dichte in der äusseren Haut
fest. An der vorspringenden Papille verhält sich aber die
Substanz der Aussenhaut von Anfang an etwas abweichend,
ist sehr wenig dicht und stark quellbar (Taf. III, Fig. 18,
19a). Während die Innenhaut an Dicke zunimmt, wird sie
stark lichtbrechend und beginnt sich zugleich gelblich zu
färben (Fig. 18, 19a). Beide Häute, namentlich aber die
innere, nehmen zugleich die Eigenschaften cutinisirter Membranen an. Erst kurz vor der Reife umgiebt sich das Cytoplasma der Spore auch noch mit einer Intine (Fig. 19a).
Weiterhin erfolgt eine Bräunung der beiden äusseren Sporenhäute. Die Verdickungsschichten der Specialmutterzellen sind
nach Fertigstellung der Sporenhaut und noch bei beginnender Bräunung derselben vorhanden. Schliesslich werden sie
bis auf geringe Reste resorbirt, nachdem sie zuvor eine nicht
unbedeutende Dehnung erfahren haben. Vom Theilungs-
stadium an bis zu demjenigen der vollen Reife wächst die
Tetrade zum doppelten Durchmesser an.

Unterstützt wird die entwicklungsgeschichtliche Untersuchung hier durch Tinctionen mit Congoroth, das aber nur
in äussert geringen Mengen, so dass es die Beobachtungs-
flüssigkeit eben nur rosa färbt, zugesetzt werden darf. Es
fällt auf, dass die Verdickungsmassen der Specialmutterzellwände und die jungen Sporenwände sich rasch und intensiv
roth färben, allmählich aber ihre Färbung wieder einbüssen.

während die Sporenhäute mittlerer Entwicklungsstadien, noch
vor ausgeprägterer Bräunung, den Farbstoff festhalten. In
dem Maasse, als sich die Sporenhäute bräunen, verlieren
sie wiederum die Fähigkeit, sich mit Congoroth zu färben
und die Intine allein speichert dasselbe auf. Auffallend ist
auch an Sporen mittlerer Entwicklungsstufe die Erscheinung,
dass das Congoroth zunächst die stark gequollenen Papillen
am Saume tingirt, dass von diesen aus sich der Farbstoff
in der Haut verbreitet und dass, wenn die Sporenhaut intensiv gefärbt erscheint, sie den Papillen schliesslich den
ganzen Farbstoff entzogen hat.

Die Salpetersäure-Ammoniak- und die Millon'sche Reaction treten an den Sporenhäuten von Riccia glauca deutlich,
wenn auch nicht sehr kräftig ein. Wie bereits von Leitgeb
hervorgehoben wird, gelingt bei Riccia glauca eine Blaufärbung mit Chlorzinkjod weder an den Mutterzell- noch den
Specialmutterzellwänden. Hingegen färbt sich die Innenschicht und selbst auch die Aussenschicht der Exine auf
mittleren Entwicklungszuständen blau, wenn der Behandlung
mit Chlorzinkjodlösung diejenige mit Chromschwefelsäure
vorausgeht. Letztere Einwirkung muss aber entsprechend
regulirt und die Chromschwefelsäure hierauf ausgewaschen
werden.[1]) Bei Riccia crystallina nehmen, nach Leitgeb,
im Gegensatz zu Riccia glauca, die Mittellamellen bei Chlorzinkjodbehandlung intensive Blaufärbung an und auch an
der übrigen Substanz der Scheidewände, und den peripherischen Theilen der Specialmutterzellen, soll eine schwache
Blaufärbung zu erzielen sein.[2]) Eau de Javelle greift die
reifen Sporenhäute ganzer Sporen von Riccia glauca relativ
nur langsam an, weit rascher die Querschnitte. Im Resultate

1) l. c. p. 49, 45.
2) l. c. p. 49.

bleibt von den beiden äusseren Sporenhäuten nur ein substanz-
ärmeres, farbloses Skelet zurück, während die Intine intact
sich zeigt.

Fassen wir die Resultate dieser Untersuchung zusammen,
so ergiebt sich aus derselben, dass bei Riccien nach vollzogener Theilung der Sporenmutterzelle, die Specialmutterzellwände stark verdickt werden. Die Verdickung trifft polygonale Felder, die nur durch schmale Zwischenräume getrennt
werden, welche das Cytoplasma der Sporenanlage füllt. Im
Anschluss an diese Verdickungsschichten bildet sich hierauf
die sporeneigene Wand, die ihrer Anlage gemäss mit netzförmigen Leisten vorspringt. Hat diese zarte Haut eine bestimmte Dicke erreicht, so folgt die Anlage einer zweiten Haut
und auf diese erst diejenige der Intine. Die beiden äusseren
Häute cutinisiren später. Weil dieselben getrennt von einander
auftreten, so möchte Leitgeb nur die innere als Exine bezeichnet wissen; die äussere ist für ihn eine Perine. Diese
Definition kann ich nicht gelten lassen, denn der Name
Perine muss, meiner Auffassung nach, für Häute reservirt
bleiben, die einem gegebenen Plasmakörper von einem anderen
aufgesetzt werden. Auch kann ich keinesfalls die Ansicht
theilen, dass die zuerst gebildete Sporenhaut von Riccia
den Specialmutterzellwänden zuzuzählen sei und nur eine
besondere differenzirte Innenschicht derselben vorstelle. Sie
ist unzweifelhaft eine Neubildung und tritt von Anfang an
gesondert von den Verdickungsschichten der Specialmutterzellwände auf. Das lässt sich beim Zerdrücken der Specialmutterzellen in geeigneten Medien mit Sicherheit constatiren.
Auch stellt man ebenso bestimmt fest, dass die Leisten der
äusseren Sporenhaut bei ihrer Anlage nicht bis auf den
Grund der die Verdickungsmassen der Specialmutterzellwände trennenden Furchen reichen. Die Differenzirung der
innersten Theile dieser Verdickungsschichten als Sporenhaut

würde unter solchen Umständen nur getrennte polygonale
Felder, nicht eine zusammenhängende Haut, liefern. Will
man diese Aussenschicht der Exine, weil die Innenschicht
getrennt von ihr gebildet wird, mit einem besonderen Namen
belegen und die Bezeichnung „Exine" für die Innenschicht
allein in solchen Fällen reserviren, so könnte diese Aussenschicht den Namen Protexine erhalten. Zu bedenken wäre
hierbei aber, dass unter ganz ähnlichen Bedingungen an
den Lycopodium-Sporen nur eine einzige Haut gebildet wird,
und dort uns deutlich nur als Aussen- und Innenschicht der
Exine das entgegentritt, was hier gesondert angelegt wird.
So könnte man, meine ich, auch bei Riccia von einer anderen Art der Bezeichnung absehen und sich mit der Unterscheidung einer Aussen- und Innenschicht der Exine be-
gnügen. Wie wir bei verschiedenen Pollenkörnern gesehen
haben, können ebenso auch spätere Differenzirungen zu
einer nachträglichen Sonderung einer einheitlich angelegten
Haut in getrennte Schichten führen. — Die Gallertsubstanz,
welche an der Innenfläche der Aussenschicht der Exine bei
Riccia zu finden ist, gehört wohl noch mit zu dieser Aussenschicht. So sieht es namentlich innerhalb des Saumes aus,
wo die Trennung zwischen der Aussenschicht und der Gallertmasse nicht immer eine ganz scharfe ist. Für den Umstand,
dass die Bildung der inneren gallertartigen Theile der
Aussenschicht auf diejenige der äusseren festeren Theile folgt,
spricht andererseits das Verhalten der quellenden Papille, deren
Substanz deutlich gegen die Gallertmasse abgesetzt ist. Wie
weit Apposition und Substanz-Einwanderung hier sonst noch
in einander greifen, mag im Einzelnen dahingestellt bleiben:
dass nachträgliche Substanz-Einwanderung in die angelegten
Membranen überhaupt stattfindet, das zeigt vor Allem die
Flächen- und Dickenzunahme der Aussenschicht während des
Wachsthums der Tetrade. Die Ernährung dieser Aussen-

schicht der Exine erfolgt aber auch hier, wie in so vielen anderen Fällen, durch die Innenschicht hindurch.

Noch instructiver ist in mancher Beziehung der nahe verwandte Bau der Sporen von Sphaerocarpus terrestris und soll auch dazu dienen, die Angaben über Riccia noch zu bekräftigen und zu ergänzen.

Schon Leitgeb[1]) hat auf die grosse Aehnlichkeit im Bau der Sporenhäute von Riccia und Sphaerocarpus hingewiesen. Die Entwicklungsgeschichte dieser Sporenhäute differirt aber in einem sehr wesentlichen Punkte. Es wird nämlich bei Sphaerocarpus, wie gleich vorausgeschickt werden mag, die Aussenschicht der Exine vor der Theilung der Sporenmutterzelle gebildet und sind die vier Sporen somit gemeinsam von ihr umgeben. Mein unvergesslicher Freund Leitgeb stellte mir sein Arbeitsmaterial zur Verfügung, was mich in den Stand setzte, dieses interessante Verhalten aus eigener Anschauung kennen zu lernen. Später hatte auch der College Just die Güte, mich mit frischen Pflanzen zu versorgen, die ich freilich auch erst in Alcohol legen musste und erst später studiren konnte, so dass alle meine Angaben sich auf Alcohol-Material beziehen.

Die Sporen von Sphaerocarpus terrestris sind somit von einer gemeinsamen Schicht der Exine umhüllt und bleiben zu Tetraden vereinigt.[2]) Die Oberfläche der Tetrade ist durch vorspringende Leisten netzförmig gefächert, ganz übereinstimmend dem Verhalten an den Sporen von Riccia. Die Knotenpunkte des Netzes springen etwas vor; die Leisten derselben laufen continuirlich über die Ansatzstellen der Scheidewände der Tetrade fort, sich stets rechtwinkelig zu

1) l. c. p. 40.
2) Vgl. Leitgeb, l. c. p. 13 und die Abbildungen auf Taf. I und III.

diesen Scheidewänden orientirt zeigend.[1]) Querschnitte lassen
an den Rückenflächen der Sporen drei Häute unterscheiden:
die Aussen- und Innenschicht der Exine und die Intine.
Ganz reife, dunkelbraune Sporenhäute geben Bilder wie das
in Fig. 30, Taf. III, dargestellte. Zu äusserst liegt die ziemlich scharf abgesetzte, in leistenförmige Falten vorspringende,
stark lichtbrechende, annähernd homogene, bräunlich gefärbte Aussenschicht der Exine (ae). Dann folgt die faserig-
lamellöse, dunkelbraun gefärbte, wesentlich stärkere Innenschicht der Exine (ie). Diese Innenschicht springt nach
aussen in die Falten der Aussenschicht vor, dieselben er-
füllend; nach innen zu schliesst sie mit glattem Umriss ab.
An den Ansatzstellen der Scheidewände, soweit der Schnitt
dieselben genau rechtwinkelig getroffen hat, sieht man die
Aussenschicht der Exine sich über die Scheidewand fortsetzen, die Innenschicht der Exine hingegen in dieselbe eintreten. Die Scheidewand erweitert sich an ihrer Ansatzstelle und so auch findet man oft im Mittelpunkt der Tetrade die Scheidewände zu einem faserig-lamellösen Zwickel
erweitert. Unter günstigen Umständen kann man an der
Ansatztelle der Scheidewand, innerhalb der faserigen lamellösen Substanz, die Mittellamelle der Scheidewand verfolgen,
die bis an die Aussenschicht der Exine reicht und an dieselbe ansetzt (Fig. 30). Meist ist dieselbe in der faserigen
Substanz nicht mehr zu unterscheiden, und nur äusserst
schwer weiter in die Scheidewand zu verfolgen. Auch die
Substanz der Innenschicht der Exine zeigt sich innerhalb
der Scheidewand meist sehr schwach entwickelt, so dass die
Scheidewände auf die beiden Intinen fast reducirt erscheinen.
Die homogene, farblose Intine (i) erlangt aber innerhalb der
Sporen eine relativ starke Entwicklung.

1) Vgl. auch Leitgeb, l. c. p. 14 und Taf. I, Fig. 15.

An halbreifen, noch kaum gebräunten Tetraden, welche
längere Zeit in verdünntem Glycerin gelegen haben, gelingt
es durch vorsichtig regulirten Druck auf das Deckglas, die
einzelnen Sporen der Tetrade mehr oder weniger vollständig
von einander zu trennen. Die Trennung erfolgt innerhalb
der Innenschicht der Scheidewände und zwar besonders leicht
in den äusseren Theilen derselben. Die Aussenschicht der
Exine wird durch diese Operation gesprengt. Nach erfolgter
Bräunung der Sporenwände ist eine solche Trennung der
Sporen durch kein Mittel mehr zu bewirken.

Das Alcohol-Material, das für meine entwicklungs-
geschichtlichen Untersuchungen diente, kam zum Theil in
Glycerin verschiedener Concentrationsgrade, mit und ohne
Zusatz von Congoroth, zum Theil in Chloralhydrat-Jodglycerin
zur Verwendung. Ein bestimmter Quellungsgrad der jungen
Membran-Anlagen fördert unter Umständen die Untersuchung,
darf aber nicht überschritten werden, weil sonst wichtige
Abgrenzungslinien schwinden. In Wasser und verdünntem
Glycerin sind die Bilder vielfach nur kurze Zeit zu brauchen.
In Glycerin entsprechender Concentration können die Präparate dauernd aufbewahrt werden; die besten Bilder aber,
mit nur geringer Quellung und meist scharfer Abgrenzung
der Conturen erhielt ich, wenn ich mein Alcohol-Material
in Chloralhydrat (8 Theile Chloralhydrat, 5 Theile Wasser),
das zur Hälfte mit Jodglycerin versetzt war, untersuchte.

Die Entwicklungsgeschichte lehrt, dass bei Sphaerocarpus terrestris bereits die Sporenmutterzellhaut so verdickt
wird (Taf. III, Fig. 21), wie bei Riccia erst die Specialmutterzellwände. Es stellt sich hier somit noch vor der
Theilung der Sporenmutterzelle dieselbe Verdickungsart ein,
wie sie dort erst auf diese Theilung folgt. Auch hier sind es
polygonale Felder der Zellhaut, welche verdickt werden und
sich nach dem Zellinnern polsterförmig verwölben. So wie

— 114 —

diese Verdickung, so erfolgt hier auch die Anlage der Aussenschicht der Exine noch vor Theilung der Sporenmutterzelle,
etwa dann, wenn die Verdickungsmassen der Mutterzellhaut
sich halbkugelig in den Zellraum vorgewölbt haben (Fig. 22).
Die relativ grossen Stärkekörner zeigen sich hierbei in peri-
pherischer Lage angesammelt und folgen vorwiegend den
vorspringenden Leisten des Cytoplasma, was nach Leitgeb[1])
an frischem Material wesentlich deutlicher, als an dem in
Alcohol fixirten, hervortreten muss. Die Exine wird, von
Anfang an von den Verdickungsschichten der Sporenmutterzelle getrennt, als „tetradeneigene" Haut angelegt. Die Beobachtung derselben ist aber durch ihre eigene, und der Verdickungsschichten der Sporenmutterzelle, starke Quellbarkeit
erschwert. Bilder wie unsere Fig. 23 lassen aber über die
von Anfang an selbständige Anlage der tetradeneigenen Haut
keinen Zweifel, und wenn ein Zweifel doch noch übrig bleiben
sollte, so wird er beseitigt, sobald es, etwa in Glycerin von
entsprechender Concentration, gelungen ist, den Inhalt der
Sporenmutterzelle, mit der Anlage der Exine bedeckt, aus der
Sporenmutterzellhaut herauszudrücken (Fig. 24. Die Leisten
der Exine passen genau in die Zwischenräume der Verdickungsmassen der Sporenmutterzellhaut und sehen im optischen
Durchschnitt wie schwach lichtbrechende Zähne aus. Diese
Zähne reichen, wie Fig. 23 auch zeigt, nicht bis auf den
Grund der die Verdickungsmassen der Sporenmutterzellhaut
trennenden Zwischenräume. Bei solchem Sachverhalt könnte
die Aussenhaut der Tetrade, wenn sie, der Annahme Leitgeb's gemäss, der sie als Perine bezeichnet[2]), aus der
inneren Lamelle der Sporenmutterzellhaut sich differenzirt
hätte, auch hier nur aus getrennten Stücken bestehen, nicht
aber ein zusammenhängendes Häutchen bilden. Die Fi-

1) l. c. p. 18.
2) l. c. p. 19.

guren 23 und 24 sind noch ungetheilten Sporenmutterzellen entnommen; die Theilung pflegt aber unmittelbar auf dieses Stadium zu folgen. So stammt unsere Fig. 25 bereits aus einer getheilten Sporenmutterzelle. Die gebildeten Scheidewände zeigen nur geringe Dicke, sie setzen an die gequollene Sporenhaut, die Aussenschicht der Exine, an. An Chloralhydrat-Jodglycerin-Präparaten, welche nur geringe Quellung zeigen, verfolgt man nun unschwer im optichen Durchschnitt der Tetrade die Anlage der Innenschicht der Exine. Sie geht als Neubildung aus der Hautschicht der jungen Sporen hervor. Sie erscheint als stark lichtbrechendes Häutchen, das im ganzen Umfang dieser Sporen angelegt wird (Fig. 26). Dieses Häutchen nimmt an Dicke zu. Ausserhalb desselben liegt, scharf abgegrenzt, die weit schwächer lichtbrechende Aussenschicht der Exine. Die Innenschicht folgt dem Contur dieser Aussenschicht. Letztere beginnt hierauf in ihrer Peripherie dichter zu werden. Tetraden, die man auf diesem Entwicklungszustand in Wasser zerdrückt, zeigen leicht, wie unsere Fig. 27 und 28, eine Trennung der peripherischen Theile der Aussenschicht von der Anlage der Innenschicht. Die zwischenliegenden, weniger dichten Theile der Aussenschicht sind verquollen. Auf diesem Entwicklungszustand treten die Sporenanlagen bei Druck auch am leichtesten aus dem Verbande. Die Scheidewände resistiren eben nicht viel mehr wie die inneren Partien der Aussenschicht. Weiterhin nimmt die Dichte der Aussenschicht auch in den inneren Partien zu, gleichzeitig gewinnt die Innenschicht an Dicke und beginnt sich faserig-lamellös zu differenziren (Fig. 29). Diese Differenzirung der Innenschicht ist mit einer Gelbfärbung derselben verbunden. Die Mutterzellhaut wird währenddem gelöst. Jetzt wird die Intine angelegt und damit ist der fertige Zustand der ganzen Sporenhaut, wie ihn unsere Fig. 30 zeigt, alsbald erreicht.

Vom Augenblick der Theilung bis zur Fertigstellung
der Tetrade nimmt ihr Durchmesser über das Doppelte zu.
Die sogenannten Protein-Reactionen sind aus der Exine
von Sphaerocarpus leicht zu erzielen, und zwar sowohl bei
Salpetersäure-Ammoniak-, als auch bei Millon's-Behandlung.
Die Gelb- respective Rothfärbung treten freilich ausgeprägt
nur an der Aussenschicht der Exine auf, da die braune Färbung der Innenschicht an reifen Sporen die Reaction verdeckt. Chlorzinkjodlösung färbt die Innenschicht der Exine
dunkler, die Aussenschicht heller gelbbraun, während die
Intine schön violett hervortritt. In der Chlorzinkjodlösung
quillt zugleich die Aussenschicht der Exine etwas und setzt
nun besonders scharf gegen die Innenschicht ab. Auf jüngeren
Entwicklungszuständen ist mit Chlorzinkjodlösung schwache
Blaufärbung auch der Sporenmutterzellwand zu bewirken, so
auch färben sich die jungen Scheidewände und die in der
Anlage begriffene Aussenschicht der Exine. In der Innenschicht der Exine konnte ich auf keinem Entwicklungzustand
Blaufärbung bewirken.[1] In Kalilauge nehmen die beiden
Schichten der Exine gelbe Färbung an, was an der inneren
wiederum besonders hervortritt. Eau de Javelle desorganisirt nach längerer Einwirkung die beiden Schichten der Exine
vollständig, so dass nur ein körniger Detritus zurückbleibt.
Die Intine zeigt sich intact erhalten. Chromschwefelsäure
schmilzt an ganzen Sporen zunächst die Aussenschicht der
Exine ab, auf Querschnitte angewandt greift sie im Allgemeinen zunächst auch die Aussenschicht an, doch ziemlich
ungleichmässig, alsbald beginnt sich die Wirkung auch auf
die Innenschicht zu äussern.

Wie die vorausgehende Schilderung gezeigt hat, differirt Sphaerocarpus von Riccia glauca wesentlich nur in der
Zeit, zu welcher die einzelnen Entwicklungsvorgänge sich

1) So auch Leitgeb l. c. p. 21 u. 18.

abspielen; was diese Vorgänge hingegen selbst anbetrifft,
so lassen sie sich durchaus in Parallele ziehen. Bei Sphaerocarpus wie bei Riccia glauca beginnt die Entwicklung mit
derselben Art der Verdickung, in dem einen Falle der Sporenmutterzellhaut, in dem andern der Specialmutterzellwände.
Dann folgt die Anlage der Aussenschicht der Exine, die bei
Sphaerocarpus weniger resistenzfähig gegen äussere Eingriffe
als bei Riccia sich zeigt. Da auch diese Aussenschicht der
Exine bei Sphaerocarpus vor der Theilung der Sporenmutterzelle angelegt wird, so kann sie der Tetrade nur gemeinsam
zukommen. An diese Aussenschicht setzen die Scheidewände der Tetrade an. Hierauf erst folgt die Bildung der
Innenschicht der Exine, nunmehr im Umfang der einzelnen
Sporen. Die Aussenschicht der Exine bildet eine homogene
Haut; die Innenschicht erfährt nachträglich eine faserig lamellöse Differenzirung. Manche Erscheinung spricht für
einen Aufbau der Aussenschicht aus einer Reihe apponirter
Lamellen, während allem Anschein nach die Innenschicht
der Exine, einmal angelegt, nur durch Substanz-Einwanderung
an Dicke zunimmt. Daher auch die Cellulose-Reaction in
der Aussenschicht, die an der Innenschicht nicht zu gewinnen
ist. Ein nicht unbedeutendes Flächen- und Dickenwachsthum
ist übrigens auch an der Aussenschicht der Exine nach Anlage der Innenschicht zu constatiren und kann nur durch
Substanz-Einwanderung erfolgen. Dabei erlangt diese Aussenschicht auch grössere Dichte und zugleich die Reactionen
cutinisirter Substanzen. Dass die Aussenschichten der Exine
hier und bei Riccia einander entsprechen, ist wohl ohne
weiteres klar: es hat nur eine Verschiebung in der Ent-
wicklungszeit stattgefunden. Diese Aussenschicht hier als
Perine zu bezeichnen, geht aus denselben Gründen wie bei
Riccia nicht an. Protexine könnte sie heissen, doch zog
ich es vor, sie auch hier, als Aussenschicht, zur Exine zu

ziehen. Maassgebend waren für meine Entscheidung dieselben Gründe, die ich bei Riccia entwickelt und will ich nur noch daran erinnern, dass bei Osmunda die Exine, die für gewöhnlich die einzelnen Sporen umgiebt, gelegentlich noch vor der Theilung der Sporenmutterzellen angelegt wird und dann, wie hier bei Sphaerocarpus, der ganzen Tetrade gemeinsam zukommt.

Einige Hautbildungen bei Peronosporeen, Chytridieen, Volvocineen, Desmidiaceen und Mucorineen, sowie die Gallertbildung bei Conjugaten und Diatomeen.

Während ich die Aussenschicht der Exine, oder die Protexine, der eben behandelten Lebermoose, nicht als Perine kann gelten lassen, ist als solche die Hülle auszusprechen, die um die Oogonien verschiedener Peronosporeen gebildet wird. Denn nach de Bary ist es das umgebende „Periplasma", welches sich in den gedachten Fällen zu einer die reifen Oosporen eng umschliessenden, derben, meist intensiv braunen Membran, mit verschiedenen chrakteristischen Sculpturen entwickelt.[1]

Ebenso würde es sich, den Angaben Alfred Fischer's nach, um Perinen an den „Stachelkugeln" gewisser parasitisch in den Saprolegnieen lebender Chytridieen handeln. Bei diesen soll der sehr eigene Fall vorliegen, dass eine Perine um die in Betracht kommenden Sporangien von dem Protoplasma des Nährwirthes gebildet wird.[2] Alfred Fischer

1) Zuletzt in Vgl. Morph. u. Biol. der Pilze, Mycetozoen und Bacterien. 1884. p. 146. Das Nähere in Beitr. zur Morph. u. Physiol. der Pilze. IV. Reihe. 1881. p. 63.
2) Alfred Fischer, Untersuchungen über die Parasiten der Saprolegnieen, Jahrb. f. wiss. Bot. Bd. XIII. 1882. p. 286.

giebt beispielsweise bei Olpidiopsis an[1]), dass um das mit
glatter Membran versehene Sporangium sich Protoplasma
des Wirthes sammelt und zur Bildung des Stachelbesatzes
aufgebraucht wird. Die Stacheln sollen auf die ursprüngliche glatte Membran „niedergeschlagen" werden. Bei Ro-
zella entstehen die Stacheln, nach Fischer, als glänzende
Punkte in der Plasmaumhüllung, in gleichen Abständen am
Umfange der Dauerspore ansetzend. Mit ihnen zugleich soll
eine zweite äussere Membran „ausgeschieden" werden, welche
an der reifen Spore den Stachelbesatz trägt.[2])

Ein günstiges Object für das Stadium mit Stacheln be-
setzter Eisporen bot sich mir in Volvox Globator dar.
Bei Betrachtung fertiger Eisporen, die mit stacheliger Exine
und glatter Intine versehen sind, erwacht leicht die Vorstellung, die Stacheln seien auch hier, in ähnlicher Weise etwa
wie am Pollen der Malvaceen, aus der Oberfläche einer zunächst glatten Haut hervorgewachsen. Das ist aber nicht
der Fall, vielmehr liegt hier wieder ein neuer Modus der
Ausbildung von Auswüchsen an freien Zellen vor. — Nach
der Befruchtung umgiebt sich die Eispore mit einer glatten,
homogenen Haut, die rasch ziemliche Dicke erlangt (Taf. IV.
Fig. 63.) Hierauf beginnt der Plasmakörper der Eispore
sich an seiner Oberfläche auszubuchten und diesen Ausbuchtungen gemäss die weiche Haut zu gestalten (Fig. 64). Die
kegelförmigen Vorsprünge des Plasmakörpers und übereinstimmend auch der Exine, nehmen an Höhe zu (Fig. 65. 66
und 67) und werden schliesslich zu ansehnlichen, spitz aus-
laufenden Stacheln (Fig. 67). Währenddem wächst die Haut
in die Dicke. Haben die Stacheln die definitive Höhe erreicht, so werden sie mit derselben glashellen Substanz, aus

[1] l. c. p. 316.
[2] l. c. p. 333.

welcher die Membran auch sonst besteht, ausgefüllt. Gleichzeitig zieht sich der Plasmakörper zurück und rundet sich ab. Ist dies geschehen, so erfolgt die Bildung einer zweiten, ziemlich starken Haut, die überall der Stachelschicht dicht anliegt, doch unschwer sich von derselben trennen lässt und als Intine bezeichnet werden kann. Diese Intine ist völlig glatt, undeutlich lamellös (Fig. 68). Zerdrückt man die entsprechend reife Eispore, so dass sie einen Theil ihres Inhalts entleert, so löst sich stets, so wie es in Fig. 69 zu sehen, die Intine, sich etwas contrahirend, von der Exine ab. — Bei Volvox minor scheint überhaupt in den reifen Sporen die Intine von der Exine getrennt zu sein. Letztere ist zum Unterschied von Volvox Globator glatt.[1]

Dass die Eispore von Volvox Globator zunächst glatt ist, hat bereits Ferdinand Cohn angegeben.[2]

Eine Blaufärbung der glashellen, sonst durchaus nach Cellulose aussehenden Haut mit Chlorzinkjodlösung gelingt nicht, die äusserste Lamelle, welche die Stacheln überzieht, wird gelblich, die Intine etwas bräunlich gefärbt. Aehnlich verhält es sich bei Anwendung von Jod und Schwefelsäure. In dieser Beziehung stimmt, wie aus den Angaben von Kirchner hervorgeht, auch Volvox minor mit V. Globator überein.[3] Congoroth färbt die Sporenhaut nicht. Mit Kupferoxydammoniak lässt sich die Haut nicht auflösen. In concentrirter Schwefelsäure verquillt sie leicht auf jüngeren Zuständen, zeigt sich resistenter auf älteren. Eine Färbung war weder mit Salpetersäure-Ammoniak, noch mit Millon's Reagens zu erzielen. Es liegt hier somit eine eigene, von

---

1) O. Kirchner in Cohn's Beitr. zur Biol. der Pfl. Bd. III. p. 97 und Fig. 3, Taf. VI.

2) Festschrift zum 50jährigen Doctorjubiläum von Goeppert. Die Entwicklungsgeschichte der Gattung Volvox, 1875, p. 21.

3) l. c. p. 97.

den bisher behandelten abweichende Modification der Haut-
substanz vor.

Bei aufmerksamer Betrachtung kann man auch in der
fertigen Exine noch die ursprünglich ausgebuchteten Membrantheile von der Füllmasse in den Stacheln unterscheiden
(Fig. 68). Diese Erscheinung kann bei Salpetersäure-Ammo-
niak-Behandlung noch deutlicher werden. Mit der Reife
werden die Häute etwas lichtbrechender, was, mit der grösseren
Resistenzfähigkeit zugleich, auf eine Veränderung der Substanz, vielleicht nur in Folge von Incrustationen, hinweist.

Volvox Globator lässt sich sehr gut mit Alcohol fixiren
und ist solches Material für das Studium der Hautausbuch-
tungen der Sporen mindestens ebenso günstig wie frisches.

In ähnlicher Weise wie an den Eisporen von Volvox
Globator entstehen, den Schilderungen de Bary's[1]) gemäss,
die Stacheln an den Zygosporen der Desmidiaceen.
Ob sich dort in manchen Fällen an die Stachelbildung
durch Ausbuchtung der Membran, diejenige durch nachträgliches Auswachsen anschliesst, mag dahingestellt bleiben.
Die Erhebungen und Einschnitte, die sich nach erfolgter
Zelltheilung an der zunächst glatt angelegten, neuen Zell-
hälfte ausbilden, haben für gewöhnlich auch keine andere
Entwicklungsgeschichte als die Stacheln der Oosporen von
Volvox Globator[2]), und nur in einem Falle giebt de Bary
die Bildung grösserer, von Anfang an solider Prominenzen
auf der Aussenfläche der Zellmembran an; es sind das
klammerartige Anhängsel, welche die Zellen von Sphaerozosma
vertebratum verbinden.[3])

Die langen Hörner an den Zellen der Diatomee Chaeto-

1) Untersuchungen über die Familie der Conjugaten. 1858. p. 50.
2) Ebendas., p. 44.
3) Ebendas., p. 45.

ceros werden nach Schütt[1]) auch als hohle Gebilde angelegt, während die Stacheln der Dauersporen dort als solide
Stäbchen sich erheben.

Nach den Angaben von Vuillemin[2]) würden auch die
Erhebungen auf den Zygosporen der Mucorineen so wie diejenigen auf den Oosporen von Volvox Globator entstehen.
Bei Mucor heterogamus faltet sich die Membran der
jungen Zygospore, der Gestaltung der Sporenkörper folgend,
und bildet hohle uhrglasförmige Einsenkungen. Eine ringförmige Verdickung wird an der Basis jeder Erhebung angelegt und färbt sich braun; der Scheitel der Erhebung fährt
fort zu wachsen und streckt sich zu einer Spitze oder schwillt
zu einem Köpfchen an. Die zwischen den Erhebungen gelegenen Membrantheile wachsen hierauf in die Fläche und
wölben sich an einzelnen Stellen zu sternförmigen vielspitzigen
Zähnen aus. Die Höhlungen dieser Zähne werden in der
Folge ausgefüllt, und die ganze Haut allmählich gebräunt,
was eine Substanzeinwanderung in die Membran zur Voraussetzung hat. Die Insertionsstellen der Zygospore bleiben
von der Verdickung fast ausgeschlossen und färben sich nur
in der Mitte dunkel. Dann werden neue farblose Verdickungsschichten von deutlich lamellösem Bau den gebräunten apponirt, so dass die Zygospore eine dunkle Exine und die dicht
anschliessende, farblose Intine aufzuweisen hat. Während die
Bildung der Exine schon 24 Stunden nach der Copulation
vollendet ist, nimmt die Fertigstellung der gesammten Hülle
noch vier bis sechs Wochen in Anspruch.

Sehr instructiv sind die Vorgänge, die sich bei der
Gallertbildung innerhalb der Familien der Conjugaten und
Diatomeen abspielen. G. Klebs zeigte, dass diese Gallert-

---

1) Bot. Ztg. 1888. Sp. 167 u. 178.
2) Bull. de la soc. bot. de France. 1886. p. 330.

massen durch Ausscheidung aus dem Cytoplasma der Zelle hervorgehen.[1]) Paul Hauptfleisch[2]) weist nach, dass die Membran der ausgewachsenen Desmidieen-Zellen in den allermeisten Fällen mit bestimmt angeordneten feinen Porenkanälen versehen ist. Diese Porenkanäle sind durchsetzt von feinen Fädchen, welche einerseits vom Protoplasmaschlauch der Zelle ausgehen, andererseits an der Aussenseite der Poren in kleineren oder grösseren Köpfchen endigen. Diese Fädchen reagiren im Allgemeinen ebenso wie das Protoplasma, meist noch intensiver wie jenes, und können nur als die Zellwand durchsetzende Plasmafäden gelten. Die Gallerthülle, von welcher die Mehrzahl der Desmidieen umgeben ist, bestehen in allen Fällen aus Kappen und Prismen. Dieselben sitzen den Poren der Zellmembran auf und schliessen meist seitlich zu einer continuirlichen Gallertschicht zusammen. Häufig sind die Gallertprismen durchsetzt von Büscheln feiner Fädchen, welche von den Porenknöpfchen ausgehen und bis zur Oberfläche des Gallertprismas sich verfolgen lassen.[3]) Es offenbart sich nach alledem bei den Desmidiaceen eine Beziehung der Gallertmassen zu den Plasmafäden, die an diejenigen Verhältnisse erinnert, die uns bei Bildung der Gallertmassen in den Massulae und den Perinen der Hydropterideen entgegengetreten sind.

Die Wandverdickung der Epidermiszellen.

Im Anschluss an die bei der Entwicklung der Sporen- und Pollenhäute gesammelten Erfahrungen lag es nahe, auch

1) Arbeiten des bot. Instituts in Tübingen. Bd. II. p. 368, 379 u. s. w.
2) Zellmembran und Hüllgallerte der Desmidiaceen. Greifswalder Inaugural-Dissertation. 1888. Sep.-Abdr. aus den „Mittheilungen aus dem Naturwiss. Verein für Neuvorpommern und Rügen" 1888.
3) Nach der Zusammenstellung bei Hauptfleisch, p. 66 ff.

cutinisirende Membranen vegetativer Zellen in Untersuchung
zu ziehen. Wir wollen uns auf die Behandlung einer Anzahl besonders prägnanter Fälle beschränken.

Die Blattepidermis von Ilex Aquifolium hat starke
Cuticularschichten aufzuweisen, die sich mit Chlorzinkjodlösung in ihrem inneren Theile rothbraun, in ihrem äusseren
Theile gelb färben. Die rothbraunen und die gelben Schichten
setzen nach erfolgter Tinction scharf gegen einander ab.
Die Cuticula lässt sich hingegen von den äusseren Schichten
optisch nicht abgrenzen.[1]) In den Zellen an der Unterseite
des Mittelnerven, nur ausnahmsweise an anderen Stellen, ist
auch noch eine dünne, sich violett färbende, innere Verdickungsschicht vorhanden. An sehr zarten Schnitten erscheinen die Cuticularschichten radial gestreift. Diese Streifen,
die feinen Porenkanälen entsprechen, sind deutlicher in der
rothbraunen als in der gelben Schicht.[2]) In Aufsicht zeigt
sich die Epidermis der Blattoberseite, in der Richtung des
Nervenverlaufs, grob gestreift. Diese Streifen, welche über die
Zellgrenzen fortlaufen, erscheinen an Querschnitten als flache
Höcker der Cuticularschichten. — An jungen Blättern findet
man bereits an der Aussenseite der Epidermiszellen ziemlich
starke Verdickungsschichten, die sich aber mit Chlorzinkjodlösung noch violett färben. Durch diese nicht cutinisirten,
inneren Wandtheile hindurch wird den äusseren die Substanz
zugeführt, welche deren Cutinisirung veranlasst. In dem
Maasse, als neue Verdickungsschichten an der Innenseite
hinzukommen, wächst auch die Dicke der äusseren, cutinisirten Partien. Dabei stellt man fest, dass die cutinisirenden
Verdickungsschichten sich zunächst mit Chlorzinkjodlösung

1) Vgl. auch de Bary, Anat. Vergl. Figurenerklärung, p. 82.
2) Vgl. die Abbildung bei Sachs, Lehrbuch. IV. Aufl., p. 35;
dieselbe Figur bei de Bary l. c.

rothbraun färben und erst auf einem späteren Entwicklungszustande gelb. An ganz jungen Blättern, welche sich noch
um das Vielfache zu vergrössern haben, ist die cutinisirte
Aussenschicht sehr dünn und entspricht durchaus dem Wesen
einer zarten Cuticula. Doch noch während des stärksten
Wachsthums der Blattspreite nimmt die Dicke der cutinisirten Schicht bedeutend zu, und noch bevor dieses Wachsthum vollendet ist, hat die Cutinisirung die ganze Dicke
der Aussenwand, bis auf eine innerste, zarte, nicht immer
leicht nachweisbare Schicht, ergriffen. So lange die äusseren
Cuticularschichten sich noch braun färben lassen, ist es nicht
schwer, eine Schichtung in denselben nachzuweisen; weiterhin, wenn sie nur noch gelb in Chlorzinkjodlösung werden,
ist dieses sehr schwer. Erwärmt man durch ein fertiges
Blatt geführte Querschnitte eine Zeit lang in Kalilauge, ohne
letztere aufkochen zu lassen, so ist die Schichtung in den
inneren, sich auch im fertigen Zustande braun färbenden
Cuticularschichten leicht zu erkennen, während sie in den
äusseren nur stellenweise merklich wird. Erst nachdem die
Blattspreite ihr Wachsthum vollendet hat, setzt sich die
Cutinisirung in den Epidermiszellen auch auf die Seitenwände fort. — An sehr jungen Blättern resistirt die Cuticula nur kurze Zeit der concentrirten Schwefelsäure, ist also
nicht sehr stark cutinisirt, wird auch nicht von der concentrirten Schwefelsäure deutlich gebräunt. Rasch nimmt
aber, mit fortschreitender Blattentwicklung, ihre Widerstands-
fähigkeit gegen concentrirte Schwefelsäure zu und zugleich
stellt sich die Braunfärbung durch dieselbe ein. In keinem
Falle wollte es gelingen, Holzstoffreaction an den cutinisirten
Verdickungsschichten zu erzielen. Mit Fuchsin werden diese
Verdickungsschichten ihrer ganzen Masse nach intensiv roth
gefärbt. Sie geben auch ausgeprägte Farben-Reactionen,
sowohl mit Salpetersäure-Ammoniak als auch mit der Mil-

Ion'schen Salzlösung, und zwar gewohntermaassen gelb in dem ersten, roth in dem zweiten Falle.

Bei Cycas revoluta liegt die Sache bekanntlich auch so, dass eine ziemlich starke, cutinisirte Schicht die Epidermis der Blätter fortlaufend deckt, ausserdem jeder Epidermiszells noch eine starke Verdickungsschicht zukommt, die nach aussen zu von relativ breiten Porenkanälen, die sich am Grunde etwas erweitern, durchsetzt wird. Die Oberfläche wölbt sich über jeder Epidermiszelle ein wenig nach aussen vor; die Cuticularschicht springt, den Scheidewänden entsprechend, nach innen etwas ein. Eine Cuticula lässt sich von der Oberfläche der Cuticularschichten weder optisch, noch chemisch scharf abgrenzen. Eine Schichtung in den Cuticularschichten war nicht objectiv sicher zu stellen; sie verhalten sich so wie die äusseren Cuticularschichten von Ilex aquifolium. Sie werden durch Chlorzinkjodlösung rothbraun tingirt, während die poröse Verdickungsschicht, welche nach innen zu folgt, an völlig ausgewachsenen Blättern sich gelb färbt. Diese innere Schicht ist aber nicht cutinisirt, vielmehr verholzt, wie die prachtvollen Reactionen mit schwefelsaurem Anilin und Schwefelsäure und mit Phloroglucin und Salzsäure zeigen. Die Cuticularschichten geben von Holzstoffreaction auch nicht die Spur. In jüngeren Blättern wird die poröse Innenschicht der Epidermiszellen mit Chlorzinkjodlösung violett gefärbt, entsprechend der Abbildung in Schacht's Pflanzenzelle (l. c. Taf. X, Fig. 13). Die cutinisirten, wie auch die verholzten Membrantheile, geben eine ausgeprägte Gelbfärbung mit Salpetersäure-Ammoniak; die Millon'sche Reaction tritt scharf an den cutinisirten Membrantheilen, nur schwach an den verholzten ein, nur die stärker verholzten Theile zeigen sie dort deutlich, so vor allem die Mittellamellen.

An den Blättern von Aloë spirella hat die Aussen-

wand der Epidermiszellen ziemlich starke Cuticularschichten
aufzuweisen, die aber an Dicke hinter dem nicht cutinisirten
Theile der Wand zurückstehen. Diese Cuticularschichten
springen leistenförmig in die Seitenwände ein, ausserdem
haben sie meist an ihrer Innenfläche zapfenförmige Vorsprünge aufzuweisen. Trotz dieser Vorsprünge setzt der
cutinisirte Theil scharf gegen den nicht cutinisirten ab. Ein
solches Verhalten ist sehr instructiv, weil es zeigt, dass die
Cutinisirung sich nicht an den Schichtenverlauf zu halten
braucht, verschiedene Lamellen durchsetzen kann, trotzdem
scharf abgegrenzte Producte liefert. Die Zäpfchen an dem
cutinisirten Theile präsentiren sich in Flächenansicht als un-
gleich starke, unregelmässig vertheilte Punkte. Da diese
Zäpfchen ziemlich weit auseinander stehen, so lassen sich
auch auf den Querschnitten die violett gefärbten, nicht cutinisirten Membrantheile leicht zwischen dieselben verfolgen.
Chlorzinkjodlösung färbt die ganzen Cuticularschichten hier
rothbraun; die Cuticula setzt nicht scharf gegen die Cuticularschichten ab, ist auch nicht mit concentrirter Schwefelsäure
zu isoliren. Der letzteren widerstehen vielmehr die ganzen
cutinisirten Theile, ohne dass auch dann ein lamellöser Bau
in denselben sichtbar würde. Ein solcher ist hingegen mit
Kalilauge zu erzielen, wie weiterhin noch gemeinsam für die
zu behandelnden Aloë-Arten gezeigt werden soll. Die Entwicklungsgeschichte lehrt, dass die Cutinisirung der Aussen-
wände in der jungen Epidermis sehr rasch fortschreitet und
noch während des Flächenwachsthums der Blattspreite erfolgt.
Nur eine sehr zarte, innerste, auf Cellulose reagirende Lamelle ist währenddem an der Innenfläche der Cuticularschichten nachzuweisen und erst wenn letztere ihre volle
Dicke erreicht haben, findet die Bildung der starken, nicht
cutinisirten Verdickungschicht statt. Aus dieser Entwicklungsgeschichte folgt auf das Ueberzeugendste, dass auch hier

bereits cutinisirte Membranen dem Flächenwachsthum des Blattes zu folgen haben, was nur durch Einwanderung neuer Substanzmassen in dieselben möglich ist. Die Bildung der zapfenförmigen Vorsprünge aus der Innenfläche der Cuticular-schichten erfolgt ziemlich spät, nachdem die Cellulose-Schichten annähernd ihre volle Stärke erreicht haben. Man möchte fast annehmen, es wäre die die Cutinisirung be-dingende Substanz von Porenkanälen aus in die Umgebung eingedrungen, um diese Zäpfchen zu bilden. Diese Annahme wird noch näher gelegt durch die Beobachtungen bei Aloë sulcata, wo die cutinisirten Zäpfchen weit zahlreicher, fast stäbchenförmig gestaltet sind und wesentlich tiefer in die nicht cutinisirten Verdickungsschichten hineinreichen.

Die sehr starken, vielfach beschriebenen Cuticular-schichten von Aloë nigricans[1]) färben sich mit Chlor-zinkjodlösung weniger dunkel als die Cuticularschichten von Aloë spirella; immerhin an zarten Schnitten noch intensiv genug. Die Cuticula ist auch hier gegen die Cuticular-schichten nicht abgesetzt und eine Schichtung der Cuticular-schichten nicht zu erkennen. Die Schliesszellen der Spalt-öffnungen, im Bau von denjenigen der Aloë spirella kaum verschieden, zeigen innen und aussen am Spalt Verdickungs-leisten, die, wie bekannt, im Querschnitt schnabelförmig vor-springen.[2]) Die oberen Verdickungsleisten werden nun durch die Chlorzinkjodlösung hier auch nur hell, wie die Cuticular-schichten, die unteren hingegen rothbraun gefärbt. Eben dieselbe rothbraune Färbung zeigt auch die dünne cutinisirte Schicht, welche die Verdickungsleisten innerhalb des Spaltes verbindet und auch die in eine zarte Cuticula auslaufende Cuticularschicht, welche sich von den unteren Leisten aus

---

1) Vgl. z. B. das Botanische Practicum. II. Aufl., p. 93, Fig. 40.
2) Vgl. die nämliche Abbildung.

an den Wänden der angrenzenden Epidermiszellen innerhalb
der Athemhöhle fortsetzt.

Die Cuticularschichten von Aloë spirella geben sehr
schöne Farbenreaction, sowohl mit Salpetersäure-Ammoniak,
als auch mit der Millon'schen Salzlösung. Bei Aloë nigricans tritt die Rothfärbung mit dem Millon'schen Reagens
überhaupt nicht, die Gelbfärbung mit Salpetersäure-Ammoniak nur sehr schwach ein. Holzstoff-Reaction war an den
Cuticularschichten weder der einen noch der anderen Aloë-
Art zu gewinnen.

Aloë verrucosa steht im Bau ihrer Epidermiszellen
der Aloë spirella ziemlich nahe, doch mit dem Unterschiede,
dass jede Epidermiszelle in ihrer Mitte einen scharf umschriebenen, warzenförmigen Vorsprung besitzt. Mit Chlorzinkjodlösung behandelte Querschnitte zeigen die inneren
Cuticularschichten besonders dunkel rothbraun, doch auch
die äusseren hinreichend intensiv gefärbt. Die Cuticula erscheint auch an in Wasser untersuchten Querschnitten ziemlich gut gegen die Cuticularschichten abgesetzt und lässt
sich hier, bei richtiger Behandlung, durch Kalilauge abheben.
Dieser Umstand veranlasst mich, auch auf diese Species hier
noch einzugehen. Eine Beschreibung und Abbildung derselben findet sich in der Vergleichenden Anatomie von de
Bary.[1] Wie de Bary angiebt, kann man durch längeres
Erwärmen in Kalilauge, am besten auf einem Drahtnetze,
Präparate bekommen, welche die Cuticula als dünne, körnig
erscheinende Haut von den Cuticularschichten abgehoben
zeigen.[2] Kocht man den Schnitt hierauf in Kalilauge, so
treten körnig schleimige Massen aus den Cuticularschichten
hervor und auch die Cuticula wird in eine solche Masse verwandelt; schliesslich treten die Epidermiszellen seitlich mehr

---

1) p. 82. Fig. 25.
2) Fig. 25 b.

oder weniger vollständig aus dem Verbande. Die Cuticularschichten der getrennten Epidermiszellen zeigen jetzt deutliche Schichtung und sind durch ausgeprägte radiale Streifung
von den inneren Cellulose-Schichten ausgezeichnet. Die inneren Schichten geben demgemäss reine Cellulose - Reaction,
die sich in den äusseren Schichten in gelblich schmutzigen
Tönen verliert. — Bei Aloë spirella wird bei der nämlichen
Behandlungsweise nur an ganz vereinzelten Stellen die Cuticula blasenförmig abgehoben, während dies bei Aloë nigricans überhaupt nicht mehr gelingt. Die übrigen für Aloë
verrucosa, beim Kochen in Kalilauge, geschilderten Erscheinungen treten auch bei Aloë spirella und Aloë nigricans
ein, wobei die Epidermis der letzteren in den äussersten
Cuticularschichten das Cutin weit stärker als in den nach-
folgenden festhält. Diese äusserste Lage scheint auch
weniger dicht wie die folgenden zu sein, weniger deutlich
geschichtet und wie porös. Auffallend ist es, dass im frischen Zustande diese äussersten Schichten gegen die nächstfolgenden nicht abgesetzt sind, während sie sich beim Kochen
in Kalilauge so scharf abgrenzen. Die Schichten, aus welchen alles Cutin durch Kochen in Kalilauge entfernt wurde,
gelingt es, namentlich mit Jod und Schwefelsäure, violett zu
färben. Besonders schön erhielt ich diese Reaction bei Aloë
nigricans, wobei die rein blau gefärbten, von Cutin ganz
befreiten Verdickungsmassen wiederum scharf gegen die peripherischen, porösen Schichten absetzten, in welchen die
Färbung durch schmutzig Blau in Gelb überging.

Bemerkt sei noch, dass bei Behandlung der Cuticularschichten von Aloë-Arten mit Kalilauge, ja selbst bei einem
Erwärmen in letzterer, nur eine schwache Gelbfärbung der
Cuticularschichten eintritt, welche bei weitem nicht die Intensität derjenigen Gelbfärbung erreicht, die verkorkte Lamellen schon in kalter Kalilauge zu zeigen pflegen.

Sanseviera carnea hat eine zarte Cuticula und schwache Cuticularschichten aufzuweisen. Beide zusammen decken als dünne Haut die Epidermis, nur wenig an den Grenzen der einzelnen Zellen sich einfaltend. Man ist zunächst wohl geneigt, die ganze cutinisirte Haut ·für die Cuticula zu halten, überzeugt sich aber nach längerem Erwärmen in Kalilauge, dass hier zwischen Cuticula und Cuticularschichten zu unterscheiden ist. Am besten gelingt diese Unterscheidung am Blattrande und der Blattoberseite, während an der Blattunterseite die Cuticularschichten äussert schwach sind. So zählt man an der Blattoberseite drei Schichten, eine für die Cuticula, zwei für die Cuticularschichten ab, während man an der Blattunterseite im besten Falle nur zwei Schichten zu unterscheiden vermag. Die Cuticula widersteht der concentrirten Schwefelsäure besser als die Cuticularschichten. Das ganze cutinisirte Häutchen giebt deutlich Gelbfärbung mit Salpetersäure-Ammoniak. Nur die Cuticula, ohne die Cuticularschichten, setzt sich durch den Spalt zwischen den Schliesszellen bis in die Athemhöhle fort. Sie ist deutlich stärker lichtbrechend als die Cuticularschichten. Mit Fuchsin ist eine intensive Färbung der gesammten cutinisirten Hauttheile zu erzielen, ebenso wie auch bei Aloë spirella: während bei Aloë nigricans diese Färbung in nur sehr geringem Grade erfolgt.

Nur Cuticula ohne Cuticularschichten bietet uns, als typisches Object, die Epidermis an den Blättern von Iris florentina dar. Die Epidermiszellen sind auf ihrer Aussenseite stärker verdickt, reagiren aber auch dort in der ganzen Dicke der Wand auf reine Cellulose. Die Cuticula überzieht als feines fortlaufendes Häutchen, ohne alle inneren Vorsprünge, die Epidermis; sie wird mit Chlorzinkjodlösung gelbbraun gefärbt. Es gilt für diese Cuticula in vollem Maasse das, was de Bary als Charakter einer Cuticula hervorhebt:

9*

sie ist weder mechanisch noch optisch zerlegbar in getrennte,
den angrenzenden Zellen entsprechende Stücke. Auch ist an
derselben eine Schichtung, selbst mit den stärksten und besten
Objectiven, nicht nachzuweisen, was als solche erscheinen
mag, ist auf optische Effecte. Beugungsphänomene, zurückzuführen. Diese Cuticula setzt sich auf die Schliesszellen fort
und durch den Spalt in die Athemhöhle, wo sie die Innenflächen der an die Schliesszellen grenzenden Epidermiszellen
deckt. Die beiden im Querschnitt schnabelförmig erscheinenden Leisten am äusseren Spaltrande[1]) sind ihrer ganzen Masse
nach cutinisirt; äusserst zart wird die Cuticula innerhalb des
Spaltes und in der Athemhöhle, auch an dem schwachen
leistenförmigen Vorsprung, den die Schliesszellen an ihrer
Innenfläche aufweissen. Verfolgt man die Epidermis nach
der Blattkante zu, so findet man an letzterer die Cuticula
viel dicker, an ihrer Innenfläche mit rundlichen Höckern besetzt, an den Zellgrenzen deutlich einspringend. Mit Chlorzinkjodlösung nimmt sie hier eine mehr rothbraune Färbung
an, was mit ihrer grösseren Dicke zusammenhängt, und es
entsteht hier wiederum die Frage, ob man sie ihrer ganzen
Dicke nach als Cuticula, oder als eine mit Cuticularschichten
combinirte Cuticula aufzufassen hat. Die Celluloseschichten
der Epidermiszellen sind auch an den Blattkanten besonders
mächtig und geben in ihren äusseren Schichten keine reine
Cellulose-Reactionen mehr; zeigen sich dort vielmehr schwach
cutinisirt.

Wie die herangezogenen Beispiele lehren, werden die
cutinisirenden Partien der Epidermiswände zunächst als Cellulose-Lamellen angelegt und erst weiterhin wandert in diese
die Substanz ein, welche die Cutinisirung bedingt. Diese
Cutinisirung einer betreffenden Cellulose-Lamelle erfolgt

---

1) Vgl. die Abbildung beispielsweise in Bot. Practicum. II. Aufl.
p. 87.

entweder sehr bald nach deren Anlage, so dass man nur
einen schmalen Cellulose-Saum an der Innenfläche der cutinisirenden Wandung vorfindet; oder die Cutinisirung findet
erst später statt, nachdem die betreffende Lamelle von zahlreichen andern gedeckt wurde, welche somit von der die
Cutinisirung bedingenden Substanz durchwandert werden
müssen. Da so oft die Bildung der Cuticularschichten
während des Wachsthums der betreffenden Pflanzentheile erfolgt, so muss die zur Cutinisirung bestimmte Substanz auch
innere Cuticularschichten passiren, um zu den äusseren zu
gelangen und deren Flächenwachsthum zu unterhalten. Denn
es sprechen in der That bestimmte Thatsachen dafür, dass
die älteren Cuticularschichten nicht einfach gedehnt werden;
so vor Allem die Beobachtung, dass ältere Cuticularschichten
um so celluloseärmer werden, je stärker sie in die Fläche
gewachsen sind. Es hat also in denselben das Cutin im
Verhältniss zur Cellulose bedeutend zugenommen, während bei
der Dehnung das Verhältniss beider sich hätte gleich bleiben
müssen. Die vielfach nachzuweisenden radialen Streifen, welche
die Cuticularschichten durchsetzen, geben die Wege an, auf
welchen sich die aus dem Zellinnern auswandernde Substanz
nach aussen bewegt. Der Umstand, dass die Cutinisirung
sich nicht an bestimmte Schichtencomplexe hält, an den
Seitenwänden scharf aufhört, und in Gestalt von Vorsprüngen
in die nicht cutinisirten Theile hineinragt, weist auf eine
ähnliche formbildende Thätigkeit der die Cutinisirung veranlassenden Substanz hin, wie wir sie bei der Ausgestaltung
der Sporen- und Pollenhäute gefunden. Es liegt also anzunehmen nahe, dass es auch hier lebendige Bestandtheile des
Zellleibes sind, welche in die Membran einwandern, um deren
Cutinisirung zu veranlassen. Dass es jedenfalls nicht Cutin ist,
das als solches in die Membran eindringt, geht genugsam aus
den zahlreichen Fällen hervor, in welchen das Cutin sich nicht

in Membranschichten nachweisen lässt, solche durchsetzt werden müssen, damit die die Cutinisirung veranlassende Substanz an ihren Bestimmungsort gelange. — Die Cuticula ist mit den Cuticularschichten sehr nahe verwandt und vielfach nicht von letzteren verschieden. Sie stimmt besonders mit solchen Cuticularschichten überein, die stark in die Fläche gewachsen sind. Kochende Kalilauge verwandelt dann diese Cuticularschichten, ganz so wie die Cuticula, in grumöse, zähflüssige Massen, ohne eine zusammenhängende Cellulose-Lamelle zurückzulassen. Die Cuticula wächst eben fortgesetzt durch Einlagerung neuer Cutinmassen und das ursprüngliche Cellulose-Gerüst ist in derselben somit bald bis zur Unkenntlichkeit vertheilt. Eben der Umstand aber, dass die Cuticula kein Cellulose-Gerüst zurücklässt, beweist, dass ihr, während ihres Flächenwachsthums, neue Cellulose-Lamellen von innen aus nicht apponirt werden. Es gelten für dieselbe die nämlichen Gesichtspunkte wie für besonders cutinreiche Cuticularschichten. Demgemäss ist auch die Cuticula kein Ausscheidungsproduct, und wenn sie neu an den Wänden der Schliesszellen entsteht, so kommt sie auch dort durch Einwanderung der die Cutinisirung veranlassenden Substanzen in bestimmte Membrantheile zu Stande. Bei ihrer Einwanderung braucht sie sich auch dort nicht an den Schichtenverlauf zu halten und sammelt sich an einzelnen Stellen in grösseren, an anderen in kleineren Mengen an. Da die Cuticula an den Schliesszellen nur geringe Dehnung erfährt, so lässt sie dort auch, wie ich bei Aloë nigricans feststellte, ein dünnes Cellulose-Skelet nach dem Kochen in Kalilauge zurück. Freilich ist dieses Skelet oft nur sehr unvollkommen erhalten, weil jedenfalls sehr viel Cutin hier in eine äusserst dünne Cellulose-Lamelle eingelagert wurde, um dieselbe möglichst widerstandsfähig zu machen. — Der Umstand, dass die cutinisirten Membrantheile mit dem Alter, somit nachträglich, ihre Tinctionsfähigkeit in Chlorzinkjodlösung noch verändern können, wie wir das vornehmlich bei Ilex aquifolium gesehen, scheint dafür zu sprechen, dass weiterhin noch Veränderungen, vielleicht rein chemischer Art, in der cutinisirten Substanz möglich sind. Vielleicht kommen auch Incrustationen in Betracht, welche verändernd auf die betreffenden Substanzen einwirken: doch bestimmte Anhaltspunkte für das eigentliche Wesen dieser Veränderung vermochte ich nicht zu gewinnen. Dass diese Veränderung Folge einer Dehnung sein sollte, ist für Ilex sicher ausgeschlossen.

Es wird aufgefallen sein, dass ich bisher bei Besprechung der Einwirkung der Reagentien auf cutinisirte Membranen der Eau de Javelle gar nicht Erwähnung that. Es hängt damit zusammen, dass diese Einwirkung hier wenig instructiv ist. Auffallender Weise widerstehen nämlich cutinisirte Membranen der Eau de Javelle sehr gut, unvergleichlich besser als Exinen. Blattquerschnitte von Aloë-Arten, von Ilex, Cycas, Sanseviera, Iris, konnten 24 Stunden lang, und länger, ziemlich unverändert in der Eau de Javelle verweilen und reagirten alsdann gegen Chlorzinkjodlösung nicht wesentlich anders wie zuvor. Die in cutinisirten Membranen und die in Exinen vertretenen Substanzen sind einander sicher nahe verwandt, doch nicht identisch und würde es sich doch vielleicht empfehlen, die Substanzen letzterer Art als Exinin zusammenzufassen und von exinisirten Membranen zu sprechen. Cutin und Exinin mögen übrigens durch Uebergangsglieder verbunden sein und, wie die graduellen Verschiedenheiten der Reactionen zeigen, in zahlreichen Modificationen vorkommen.

Die Construction, welche Berthold von dem Bau der Cuticula entwirft, lässt sich nur schwer mit den Thatsachen in Einklang bringen. Die Cuticula soll nämlich auch, den von Berthold postulirten allgemeinen Symmetrieverhält-

nissen eingelagerter Membranen, die als mittlere, innerste
Schicht der benachbarten, als zusammengehörig aufzufassen-
den plasmatischen Systeme zu betrachten sind[1]), sich fügen.
Danach soll die Cuticularlamelle beiderseits von einer dünnen
verholzten Membranschicht eingefasst sein und sich oft
nachweisen lassen, dass die nach aussen gelegene, verholzte
Lamelle noch von einer zarten, nicht verholzten Aussenschicht überzogen sei.[2]) Dadurch wären die erwünschten
Symmetrieverhältnisse auch an der Peripherie des Pflanzen-
körpers hergestellt. Dazu käme ein hypothetischer, im Allgemeinen nicht direct nachweisbarer, plasmatischer Ueberzug
auf der äusseren Seite der Oberhaut[3]), der freilich bald, besonders an den in der Luft befindlichen Pflanzentheilen, der
Desorganisation anheimfallen dürfte. Dieser von Berthold
entwickelten Construction wird in keinem Falle genügt. Eine
der von ihm besonders oft citirten Pflanzen, die seine Auffassung stützen soll, ist Sanseviera carnea.[4]) Bei dieser will
er, an der Blattepidermis, die Einfassung der Cuticularlamelle
durch zwei verholzte, besonders schön gesehen, und mit
Anilinsulfat, sowie mit Phloroglucin und Salzsäure nachgewiesen, zugleich auch noch die Existenz eines äusseren,
farblos bleibenden Streifens der Membran festgestellt haben.
Wir mussten hingegen constatiren, dass bei Sanseviera carnea
eine dünne Cuticula und an deren Innenfläche schwache
Cuticularschichten vorhanden sind, und beide wohl die Cutin-
Reaction, nicht aber die Spur der erwähnten Holzstoff-
Reaction geben.

Aus dem Umstande, dass Substanz in die Cuticularschichten einwandert, um deren Wachsthum zu bewirken,

1) Studien über Protoplasmamechanik, p. 15.
2) l. c. p. 40.
3) l. c. p. 42, 43.
4) l. c. p. 40.

erklärt sich uns auch hinlänglich die Thatsache, dass die Cuticula, respective die Cuticularschichten, so oft gefaltet erscheinen. Bei passiver Dehnung derselben wäre das nicht möglich, wohl aber, wenn denselben ein actives Wachsthum zukommt. Dieses active Wachsthum ist auch den Cuticular-schichten eigen und so erklärt es sich, dass dieselben, auch wo sie während des Wachsthums eines Organes, wie etwa eines jungen Blattes, in grösserer Stärke ausgebildet werden, dieses Wachsthum nicht hindern.

Die Verdickung der Korkzellen.

Der Bau der Korkzellen und die Suberin-Reactionen sind aus v. Höhnel's[1]) und neuerdings auch Van Wisse-lingh's[2]) Arbeiten so gut bekannt, dass ich hier weitläufigere Untersuchungen nicht für nöthig hielt. Ich suchte nur einige entwicklungsgeschichtliche Daten für den Gang der Verkorkung zu gewinnen. Als ein mir geeignet scheinen-des Object wählte ich Cordyline rubra für diese Unter-suchung aus. Die Korkzellen derselben gehören nämlich zu den grösseren ihrer Art und lassen unschwer zwischen je zwei Zellen die fünf von v. Höhnel unterschiedenen Membran-schichten erkennen: die verholzte Mittelschicht, die zwei ihr anliegenden Korkschichten, und die nunmehr folgenden Cellu-loseschichten. Behandelt man zarte Querschnitte mit Chlor-zinkjodlösung, so findet man, dass die in der Phellogenzelle auftretende, tangentiale Theilungswand sich zunächst violett färbt. Sie verholzt aber sofort, noch bevor eine secundäre

---

1) Ueber den Kork und verkorkte Gewebe überhaupt. Stzber. d. Wien. Akad. math. nat. Cl. Bd. LXXVI. p. 507.
2) Archives néerlandaises des Sciences exactes et naturelles. 1888. T. XXII. p. 253, Sur la paroi des cellules subéreuses.

Verdickungsschicht ihr apponirt wird. Zugleich mit ihr verholzen auch die Radialwände der neu angelegten Zelle, während deren Aussenwand, d. h. die vorletzt angelegte tangentiale Theilungswand, in diesem Processe schon vorausging. Die secundäre Verdickungsschicht bildet sich nun im Umkreis der ganzen Zelle, und zwar als zarte Lamelle aus, die es mir nicht gelang, violett zu färben, welche vielmehr gleich nach ihrer Anlage Suberin-Reactionen giebt. Nach v. Höhnel sollen die Korklamellen Cellulose enthalten und bei entsprechender Behandlung aus denselben ein Cellulose-Skelet zu gewinnen sein.[1]) Dem widerspricht aber Van Wisselingh,[2]) und in der That muss es mir auch, nach den entwicklungsgeschichtlichen Daten, fraglich erscheinen, ob die als Anlage der Suberinschicht auftretende Membranlamelle wirklich aus Cellulose bestehe. Allem Anschein nach wird bei Cordyline rubra keine weitere verkorkende Lamelle der ersten apponirt, vielmehr wächst die zuerst angelegte, durch Einwanderung der suberinbildenden Substanz, bis zur definitiven, immerhin nur geringen Stärke heran. Hierauf erst folgt die Bildung von neuen Lamellen, die nicht verkorken, in diesem Falle auch nicht verholzen, und die tertiären Verdickungsschichten bilden. — Noch instructiver als mit Chlorzinkjodlösung ist die Behandlung mit Kalilauge. Man stellt hier wieder fest, dass die Mittellamelle verholzt, noch bevor die Bildung der secundären Verdickungsschicht um die Zelle erfolgt; letztere bleibt im ersten Augenblick ihrer Entstehung in Kalilauge farblos, gewinnt aber sehr rasch die Eigenschaft, sich gelbbraun zu färben. Erst nachdem dies geschehen, wird die tertiäre Cellulose-Schicht angelegt.[3]) —

---

1) l. c. p. 544, 545 etc.
2) l. c. die Zusammenfassung, p. 279.
3) So giebt auch schon Baranetzki an, Ann. de sc. nat. Bot. VII. Sér., Bd. IV, p. 182, dass bei Paulownia imperialis, Hedera Helix,

Die Gelbfärbung mit Salpetersäure-Ammoniak und die Roth-
färbung mit dem Millon'schen Reagens treten mit dem
Augenblicke auf, wo die Verholzung der Scheidewand er-
folgte. Diese Reaction zeigt sich nicht an der tertiären
Cellulose-Schicht, auch nicht an den unverholzten, an das
Periderm grenzenden Rindenzellen.

Dass die verkorkte secundäre Verdickungsschicht der
Korkzellen auch aus zahlreichen Lamellen bestehen kann,
das zeigt in exquisiter Weise das Periderm von Cytisus
Laburnum, wo es in der verkorkten Verdickungsschicht,
namentlich der stark verdickten Aussenseite der Zellen, leicht
ist, die einzelnen Lamellen zu unterscheiden.[1] Die Entwicklungsgeschichte lehrt, dass auch hier die Verkorkung
der neu angelegten Lamellen sehr rasch erfolgt und überhaupt die Dickenzunahme der Wand sehr schnell vor sich
geht. Aehnlich, wie wir das bei den cutinisirten Verdickungsschichten von Ilex Aquifolium gefunden, stellt sich hier bei
Chlorzinkjod-Behandlung mit dem Alter der Verkorkung
ein Farbenwechsel ein, die jüngeren Korkzellwände werden
rothbraun, die älteren nur noch gelb gefärbt. Die tertiäre
Verdickungsschicht ist dünn und in diesem Falle verholzt,
so dass sie eine ähnliche Chlorzinkjod-Reaction wie die
Korkschicht giebt, in älteren Korkzellen dunkler wie jene
gefärbt erscheint. Mit Salpetersäure und Ammoniak nehmen
die Korkzellen hier rothbraune Färbung, mit Salpetersäure
allein intensiv gelbbraune Färbung an; eine Rothfärbung
mit Millon'schem Reagens war an denselben nicht zu erzielen.

Der Eau de Javelle widerstehen die verkorkten Zellwände weniger gut als die cutinisirten. Nach 24 stündiger

---

Nerium Oleander, die tertiäre Cellulose-Schicht in den Korkzellen,
erst nach Verkorkung der secundären Schicht, gebildet wird.

1) Vgl. auch v. Höhnel, l. c. p. 545 und Taf. I, Fig 5.

Einwirkung war aus den dünnsten Stellen der Schnitte durch
das Periderm von Cytisus Laburnum alles Suberin verschwunden, während Cordyline letzteres mit weit grösserer
Energie festhielt. Die Korkzellen von Cytisus Laburnum
zeigten nach solcher Behandlung besonders deutlich die
Schichten; die Dichte der Lamellen hatte in auffallender
Weise abgenommen, die tertiäre Schicht war leicht zu unterscheiden.

Wie aus der gegebenen Schilderung folgt, ist die Entscheidung der Frage, ob die Substanzen, welche die Verkorkung bewirken und das Wachsthum der verkorkenden
Membranen veranlassen, lebendiger Zellinhalt sind, auf Grund
directer Beobachtung nicht zu fällen. Die zur Wahrneh-
mung gelangenden Erscheinungen können sowohl nach der
einen wie nach der anderen Seite hin zu Deutungen verwerthet werden, und wenn etwas auch hier für die Annahme
einer vermittelnden Thätigkeit von lebendiger Substanz spricht,
so ist es vor Allem die Aehnlichkeit der hier und bei der
Cutinisirung entstehenden Producte.

Diese Producte stimmen auch in ihrem eigenthümlichen
optischen Verhalten überein. Auf dieses eigenartige Verhalten und die Veränderung, welche dasselbe durch entsprechende Behandlung erfahren kann, gehe ich hier aber
nicht ein, da diese Erscheinungen nicht in directen Zusammenhang mit den uns beschäftigenden Problemen zu
bringen sind. Ich begnüge mich daher auf die neuerdings
publicirte Abhandlung von H. Ambronn über diesen Gegenstand hinzuweisen.[1]

---

1) Ueber das optische Verhalten der Cuticula und der verkorkten Membranen. Ber. d. deut. bot. Gesell. 1888. p. 226.

Die Verholzung.

Die Verholzung erfolgt, soweit meine Erfahrungen reichen, in ziemlich übereinstimmender Weise, die wir an dem bekannten Beispiel des Kiefernholzes[1] hier verfolgen wollen. Die im Cambium auftretenden Scheidewände werden durch Chlorzinkjodlösung violett gefärbt und noch leichter ist diese Färbung an den radialen Wänden in der Cambiumschicht festzustellen, vornehmlich wenn man Material aus alten Stämmen, deren Cambium bekanntlich durch besonders starke Radialwände ausgezeichnet ist, in Untersuchung nimmt. An diesen Radialwänden färbt sich beiderseits das Grenzhäutchen dunkler als die Mittelschicht. In dem Maasse, als die radialen Wände der Cambiumzone sich von der Initialschicht entfernen, werden sie dünner. Die schwächer lichtbrechende, sich mit Chlorzinkjod weniger intensiv färbende Substanz scheint aus ihrem Innern zu schwinden, so dass die beiderseitigen Grenzhäutchen in Berührung treten und schliesslich eine ihrer ganzen Dicke nach gleichmässig das Licht brechende Wand bilden. Nur an den Stellen, wo drei bis vier Zellen aneinander stossen, bleibt von der Mittelsubstanz etwas erhalten. Die Wandung der jungen Tracheïde wird zuerst durch Lamellen verdickt, die es wohl besser ist, als primäre Verdickungsschicht noch mit zur primären Wandung zu zählen, da sie weiterhin übereinstimmend mit dieser verändert werden. Dann beginnt die secundäre Verdickung, deren Lamellen sich weiterhin verschieden von den zuerst gebildeten erhalten, und welche die als secundäre Verdickungsschicht unterschiedene Wandverdickung bilden. Sobald die secundäre Verdickungsschicht die primäre zu decken beginnt, fängt letztere an, sich mit Chlorzinkjodlösung schmutzig grün

---

1) Vgl. hierzu Bau und Wachsthum der Zellhäute, p. 41, dort die Litteratur.

zu färben und geht diese Färbung weiterhin rasch in gelb
über. Im Herbstholz erfährt die primäre Wandung, nach
Sanio[1]), diese Veränderung sogar noch vor Beginn der
secundären Ablagerung, und zwar zunächst in den Ecken,
wo die Zwickel liegen. Ich war früher geneigt, diese
Zwickel auf die Mittelschicht der Radialwände der Cambium-
zellen zurückzuführen, überzeuge mich aber jetzt, dass diese
in nur sehr geringem Maasse zu der Substanz der oft sehr
stark entwickelten Zwickel beitragen. Es ist vielmehr diejenige Substanz, welche die chemische Umwandlung der
primären Tracheïden-Wände bewirkt, die dort, wo drei bis
vier Tracheïden aneinander stossen, besonders reichlich einwandert und den Zwickel erzeugt. Die starke Ausbildung
der Zwickel erfolgt daher auch erst mit der Verholzung:
denn auf eine solche kommt es thatsächlich hier heraus. Man
hat früher diese primären Wände und Zwickel für cutinisirt
gehalten, weil sie sich gegen Reagentien nicht unwesentlich resistenter als die verholzten secundären Verdickungsschichten zeigen, doch hat bereits v. Höhnel nachgewiesen,
dass es sich hier nur um eine besonders hochgradige Verholzung handelt.[2]) In der That geben die primären Wände
die Holzstoff-Reaction mit Anilinsulfat und mit Phloroglucin-
Salzsäure noch bedeutend intensiver wie die secundären
Verdickungsschichten. — Die secundäre Verdickungschicht
wird in zahlreichen, sehr dünnen Lamellen apponirt, welche
rasch auf einander folgen.[3]) Die jeweilig innerste Lamelle
erscheint stärker lichtbrechend und bildet so das Grenzhäutchen. Wie man vornehmlich an den Chlorzinkjod-Prä-

1) Jahrb. f. wiss. Bot. Bd. IX, p. 66.

2) Oesterr. bot. Zeitschrift, Jahrgang 1878, Nr. 3, und Stzber.
d. Wien. Akad. der Wiss. math. naturwiss. Cl. Bd. LXXVI. 1877.
p. 686 u. a. a. O.

3) Vgl. dagegen Russow, Bot. Centralbl. 1883. Bd. XIII. p. 36

paraten feststellen kann, beginnt die Verholzung der secundären Verdickungsschicht erst, wenn letztere ihre volle Ausbildung erreicht hat. Sie stellt sich zunächst auch meist in
den Ecken ein und breitet sich von da über die übrige
Wand aus; an der dem Stamminnern zugekehrten Wand ist
sie meist etwas weiter als an der entgegengesetzten ge-
diehen. Die älteren Lamellen verholzen vor den inneren, doch
schreitet der ganze Vorgang rasch nach dem Innern zu fort.
Den optischen Erscheinungen nach zu urtheilen, gewinnt die
secundäre Verdickungsschicht durch die Verholzung wesentlich an Dichte, während eine merkliche Dickenzunahme der
Wand nicht festzustellen ist. Von Bedeutung ist jedenfalls
der Umstand, dass auch die Verholzung, ähnlich wie die
Cutinisirung, sich in ihrem Fortschreiten an den Lamellen-
verlauf nicht zu halten braucht. Denn wenn hier auch
schliesslich gewisse Lamellencomplexe ganz verholzen, so
sehen wir doch die Verholzung von bestimmten Stellen des
Complexes aus sich über denselben seitlich verbreiten. Das
ist aber auch leichter unter der Annahme einer Substanzeinwanderung zu begreifen, als etwa unter der Voraussetzung,
dass die Lamellen mit dem Alter auf rein chemischem Wege,
unter dem Einfluss bestimmter, schon eingeleiteter Prozesse
verändert würden. Auf die secundäre Verdickungsschicht
folgt noch die Anlage der sogenannten tertiären. Dieselbe
sticht freilich oft nicht merklich von der secundären Verdickungsschicht ab[1]), ist aber in anderen Fällen, so namentlich in den Herbsttracheïden, zu einem deutlich abgegrenzten
Häutchen entwickelt. Bei der Bildung dieser innersten Verdickungsschicht schwindet der Primordialschlauch der Tracheïde.
Die Hautschicht desselben geht in der Bildung der letzten
Cellulose-Lamelle auf, geringe Reste des Körnerplasma bleiben

---

1) Vgl. auch Russow, Separat-Abdruck aus der neuen Dörpt-
schen Zeitung. 1881. p. 28.

als isolirte Körnchen an der Zellwand haften. Die tertiäre
Verdickungsschicht verholzt für gewöhnlich und zwar noch
bei lebendigem Zellleib, ja sie ist oft stärker als die secundäre Verdickungsschicht verholzt, in manchen Fällen bleibt
sie hingegen unverholzt, so dass man sie an einzelnen Stellen
des alten Holzes mit Chlorzinkjodlösung violett färben kann.
Dass eine solche unverholzt gebliebene tertiäre Verdickungsschicht nachträglich noch sollte verholzen können, möchte
ich nicht ohne Weiteres annehmen, da die angeführten Gründe
darauf hinweisen, dass auch die Verholzung unter dem Einfluss des lebendigen Zellleibes erfolgt. Die chemische Natur
einer solchen Zellwand mag aber thatsächlich durch spätere
Infiltrationen noch mehr oder weniger verändert werden, wie
sich der Splint auch nachträglich verändert, wenn er zum
Kernholz wird, wohl vornehmlich unter dem Einfluss von
Stoffen, die aus den im Absterben begriffenen Markstrahlzellen
sich verbreiten. Dass in den Tracheïden vielfach die tertiäre
Verdickungsschicht unverholzt bleibt, mag eben damit zusammen hängen, dass auf deren Bildung das Absterben des
Zellinhalts zu rasch folgte, die Zeit zu deren Verholzung
unter dem Einfluss lebendiger Substanz somit fehlte.

Die verholzten Zellen geben sowohl die Gelbfärbung
mit Salpetersäure-Ammoniak, wie die Rothfärbung mit Millon'schem Salze. Die Intensität dieser Reaction ist je nach
dem einzelnem Falle verschieden und kann im Holze mit
sogenannter differenzirter Verdickung[1]) eine sehr bedeutende
werden. Im Basttheil ist die Reaction im Allgemeinen nur
schwach, am schwächsten im Cambium. Je leichter und intensiver die Blaufärbung der betreffenden Theile mit Chlorzinkjod erfolgt, um so weniger tritt die Millon'sche und
die Salpetersäure-Ammoniak-Reaction hervor.

1) Vgl. Zellhautbuch, p. 55.

Behandelt man die Pinus-Schnitte etwa 24 Stunden lang mit Eau de Javelle, so sind die Holzsubstanzen aus den Zellwänden fast vollständig entfernt. Mit Chlorzinkjodlösung wird an solchen Schnitten das ganze Cambium schön violett gefärbt und weil der Inhalt aus den Zellen gleichzeitig herausgelöst wurde, so erscheinen solche Präparate auch besonders für das Studium der Tüpfel-Entwicklung geeignet. Die zuvor verholzten Elemente werden auch jetzt durch Chlorzinkjodlösung gelbbraun, doch wenig intensiv gefärbt, eine Gelbfärbung mit Anilinsulfat ist aber nur in schwachem Maasse und so auch nur schwache oder überhaupt keine Violettfärbung mit Phloroglucin-Salzsäure zu erzielen. Salpetersäure-Ammoniak und Millon's Salz rufen jetzt auch nur wenig intensive und zwar annähernd übereinstimmende gelbe Tinctionen hervor. In dem Siebtheile färben sich mit Chlorzinkjodlösung jetzt alle Elemente violett und zwar mit bedeutender Intensität; es fällt zugleich auf, dass die innerste zarte Verdickungsschicht der Gerbstoff und Krystalle führenden Schläuche verkorkt ist: sie verhält sich durchaus übereinstimmend mit den verkorkten Lamellen der weiter nach aussen folgenden Peridermblätter. Bei Cordyline rubra werden, wie bei diesem Anlass bemerkt sei, die Holzsubstanzen so vollständig aus den Gefässbündeln und dem secundären Grundgewebe entfernt, dass alle Elemente derselben mit Chlorzinkjodlösung violette Färbung annehmen. Durch die Entfernung der Holzsubstanzen aus den primären Wänden der Korkzellen wird bei Cordyline stellenweise deren Violettfärbung ebenfalls ermöglicht. Dieselbe Entfernung der Holzsubstanzen aus den primären Wänden der Korkzellen hat bei Cytisus Laburnum zur Folge, dass sich die Zellen innerhalb der primären Wände von einander trennen.

Nach der gegebenen Schilderung kann somit als wahrscheinlich gelten, dass auch der Vorgang der Verholzung

durch lebendige Substanz bewirkt wird, die in die Membran
eindringt, um dort die Holzstoffe zu liefern. Wie bei der
Cutinisirung, lässt sich dann auch hier noch das Argument
ins Feld führen, dass die Substanzen, welche die Verholzung
bedingen, kaum als solche in die Membran eintreten können,
da während der Verholzung äusserer Membranschichten,
innere, welche durchsetzt werden müssen, keinen Holzstoff
aufweisen.

Der lamellöse Bau, die Schichtung und Streifung der Membranen.

Für das Dickenwachsthum geschichteter Zellmembranen
durch Anlagerung neuer Membranlamellen glaube ich in
meinem Zellhautbuche zahlreiches Beweismaterial bereits bei-
gebracht zu haben. Auf experimentellem Wege ist in letzter
Zeit das gleiche Wachsthum von G. Klebs[1] und Fr. Noll[2]
durch eingehendes Studium der Entwicklungsgeschichte und
an fertigen Bastzellen auch von G. Krabbe[3] sicher
gestellt worden. Fr. Noll konnte an den durchsichtigen
Zellschläuchen von Derbesia und Bryopsis durch directe
Messungen ausserdem nachweisen, dass eine nachträgliche
Verdickung älterer Membrantheile bei diesen Pflanzen nicht
stattfindet.[4] Die fertiggestellten Membranlamellen ausge-
wachsener Theile des Körpers nehmen dort an Dicke nicht
zu; an Orten ausgiebiger Streckung ist hingegen ein Dünner-

1) Ueber die Organisation der Gallerte bei einigen Algen und
Flagellaten, Unters. a. d. Bot. Instit. in Tübingen. Bd. II, p. 373.
    2) Experimentelle Untersuchungen über das Wachsthum der
Zellmembran. Abhandl. d. Senckenb. naturf. Gesell. Bd. XV.
    3) Ein Beitrag zur Kenntniss der Structur und des Wachsthums
vegetabilischer Zellhäute, Jahrb. f. wiss. Bot. Bd. XVIII, p. 346.
    4) l. c. p. 136.

werden der Membran sogar zu constatiren. Eine Verdickung
durch Intussusception ist auf Grund dieser Versuche, für die
angeführten Pflanzen, nach Noll, somit ausgeschlossen und
auch für deren Verlängerung ist die Intussusception höchst
unwahrscheinlich gemacht.[1]) Nur die Annahme, „dass eine
innere, dünnste Lamelle durch Intussusception wachse und der,
diese Dicke jeweilig überschreitende äussere Theil aufhöre zu
wachsen, ist noch nicht ausgeschlossen, wird aber durch die
directen Beobachtungen an den Vegetationspunkten lebender
Derbesien und Bryopsis nicht bestätigt.“[2])

Ich habe die schön geschichteten Membranen älterer
Körpertheile von Bryopsis plumosa und von Derbesia Lamou-
rouxii auf zarten Querschnitten mit Reagentien behandelt
und auch auf solchem Wege keine Reactionen erhalten
können, die Anhaltspunkte für die Annahme einer nachträglichen Substanzeinwanderung in die einmal angelegten Membranlamellen gewährt hätten. Dieses Ergebniss stimmt somit
gut zu den directen Resultaten der Messung. Bryopsis war
dabei mit Chlorzinkjodlösung schön blau zu färben, während
die Membran von Derbesia farblos blieb.

Um nunmehr auf die Untersuchungen von Krabbe einzugehen, so haben dieselben zunächst, in Uebereinstimmung
mit Dippel's[3]) und meinen[4]) älteren Behauptungen ergeben,
dass wo immer zwei Streifensysteme in der Membran einer Bast-
zelle vorhanden sind, dieselben auch verschiedenen Schichten
angehören, und dass eine Kreuzung in derselben Schicht, wie
sie von Naegeli angenommen und theoretisch verwerthet
wurde, nicht stattfindet.[5]) In Uebereinstimmung mit meinen

1) l. c. p. 137.
2) l. c. p. 139.
3) Abh. d. Senckenb. Gesell. Bd. XI. 1879. p. 154 ff.
4) Zellhäute, p. 64 ff.
5) Krabbe, l. c. p. 354 ff.

10*

älteren Angaben findet Krabbe[1]), dass die Verdickung der
Sklerenchymfasern, die Krabbe als Bastzellen bezeichnet,
durch Apposition successive aus dem Protoplasma neu gebildeter Lamellen vor sich geht, und dass die sich aus irgend
welchen Ursachen gegen einander absetzenden Schichten einer
Zellwand aus solchen Lamellen bestehen. Das gilt auch für
ganz homogen erscheinende Schichten, die aus einer Mehrzahl auf einander gelagerter Lamellen hervorgegangen sein
können. Die Vereinigung der Lamellen ist alsdann eben
eine so innige, dass sie nicht mehr als solche unterschieden
werden können. Besonders instructiv und beweisend sind
die Membranverdickungen, welche ältere, local erweiterte
Sklerenchymfasern der Asclepiadeen und Apocyneen aufweisen.[2]) Da sieht man oft nach einander gebildete Membranlamellen durch deutliche Zwischenräume von einander
getrennt, so dass sie unmöglich durch Differenzirung und
ebenso wenig durch Intussusceptionswachsthum aus einander
hervorgegangen sein können. Bei Euphorbia palustris ist
in den Enden älterer Sklerenchymfasern stets eine grössere
oder geringere Anzahl durch Zwischenräume getrennter Membrankappen, die sich weiter ab- respective aufwärts vereinigen
und in ihrer Gesammtheit die Verdickungsschichten der Wand
bilden, zu sehen. In diesem Falle ist auch sicher zu constatiren, dass ein nachträgliches Intussusceptionswachsthum
der angelegten Membranlamellen nicht stattfindet. Denn
diese Lamellen sind unter einander gleich dick, ihre Dicke
nimmt nach aussen nicht ab und auch an den Seitenwänden,
wo sie vereinigt sind, nicht zu. Dort aber, wo die Lamellen
sich berühren und durch Zwischenräume von dem Cytoplasma
der Zelle nicht getrennt sind, wären die Bedingungen für
ein nachträgliches Wachsthum jedenfalls gegeben.

---

1) l. c. p. 369 ff. Zusammenstellung p. 379.
2) l. c. p. 385 ff.

Während aber Krabbe hiermit zu dem Resultate gelangt, dass die Sklerenchymfaserwände durch Apposition
neuer Membranlamellen an Dicke zunehmen, und dass die
gebildeten Lamellen nicht weiter in die Dicke wachsen, dass
hier somit Intussusceptionswachsthum nicht vorliegt, spricht
er sich ebenso entschieden dahin aus, dass die localen Erweiterungen, die nachträglich verschiedene Bastzellen erfahren. ohne die Annahme eines Intussusceptionswachsthums
nicht zu erklären seien. Bei der Ausbildung solcher localer
Erweiterungen handelt es sich um Flächenwachsthum, welches,
wie Krabbe zu zeigen sucht, sich auf einfache Dehnung
nicht zurückführen lasse.[1]) Man sei vielmehr zu der Annahme eines activen, mit Substanzeinlagerung verbundenen
Wachsthums gezwungen, wobei es aber unentschieden bleiben
mag, in welcher Weise dieses Wachsthum vom Protoplasma
aus angeregt und beeinflusst werde. Läge einfache Dehnung
vor, so müssten die Zellwände dem Maasse ihrer Dehnung
entsprechend dünner werden, was nicht der Fall ist. Wie
man sich aber die Art und Weise der Einlagerung zu denken
habe, zieht Krabbe vor, nicht zu erörtern. Nur was das
Wachsthumsmaterial betrifft, sei wohl mit Bestimmtheit anzunehmen, dass es sich hierbei nicht um directe Spaltungs-
producte des Protoplasmas, sondern nur um Lösungen handeln
könne: denn bis das Wachsthumsmaterial an seinen Ver-
brauchsort gelangt, muss es eine Anzahl von Cellulose-
häuten passiren und das ist wohl nur möglich, wenn es sich
im gelösten Zustande befindet.[2]) Krabbe hält daraufhin
die Thatsache der Intussusception über allen Zweifel festgestellt. wogegen G. Klebs in einem Referat der Botanischen
Zeitung[3]) Einwände erhebt. G. Klebs meint, dass Intussus-

---

1) l. c. p. 390 ff.
2) l. c. p. 401.
3) 1888. Sp. 369.

ceptionswachsthum hier schliesslich möglich ist, aber nicht
zwingend bewiesen. Es sei nicht einzusehen, warum nicht
das Protoplasma an den Stellen die Zellwand dehnbarer machen
sollte durch eine chemische Wirkung. Jedenfalls sei eine
solche Annahme erlaubt und wenn damit auch vorläufig
wenig erklärt ist, so muss man sie doch im Auge behalten
da auch in anderen Fällen manches für sie spricht. Jedenfalls sei die Richtigkeit derselben in vorliegendem Falle
nicht ausgeschlossen und von einem zwingenden Beweisfall
für das Intussusceptionswachsthum könne nicht die Rede
sein. — Krabbe glaubt freilich, solche Einwände bereits
ausgeschlossen zu haben.[1]) Hier eine Dehnung ohne Volumenabnahme, etwa durch Auseinanderrücken der Molecule
anzunehmen, wäre, meint er, unphysikalisch, auch würden
diese unmöglichen Annahmen Dichtigkeitsänderungen verlangen, die nicht zu beobachten sind. Aus letzterem Grunde
sei auch nicht der Vorgang auf Aenderung in der Quellungsfähigkeit der Cellulose, somit ihres Wassergehaltes zurückzuführen. Auch könne man an eine Aenderung der Dehn-
barkeit der in Betracht kommenden Membranstellen unter
dem Einflusse bestimmter Ausscheidungen aus dem Protoplasma denken, doch seien das alles Processe, über deren
Vorhandensein oder Nichtvorhandensein man direct oder in-
direct Aufschlüsse zu gewinnen im Stande sei. Nach Krabbe's
Erfahrungen sollen sich Aenderungen in der Festigkeit local
erweiterter Sklerenchymfasern erst in sehr alten Stadien bemerkbar machen, wenn das Protoplasma bereits abzusterben
beginnt. Dann pflegt nämlich bei Dehnungen ein leichteres
Zerreissen einzutreten, jedoch nicht an den Erweiterungen,
sondern stets an den dünn gebliebenen Regionen.[2])

1) l. c. p. 400.
2) l. c. p. 401.

Die Spiralstreifung der Schichten in den Sklernechym-
fasern führt Krabbe auf eine nachträgliche Differenzirung
homogener Häute zurück.[1]) Diese Häute sollen zunächst
keinerlei Structur erkennen lassen, wie man sie auch immer
behandeln mag. Im Uebrigen nimmt Krabbe, übereinstimmend mit Dippel's und meinen Angaben an, dass in
den in Betracht kommenden Flächen Schraubenbänder vorliegen, die durch mehr oder weniger deutliche Contactflächen
von einander getrennt werden, und nicht abwechselnd sub-
stanzärmere und substanzreichere Schichten, respective Spiral-
streifen, im Sinne Nägeli's. Die Zeit, in welcher die Differenzirung in Streifen erfolgt, soll früher oder später eintreten
und nicht unbedeutenden individuellen Schwankungen unterworfen sein. In den Sklerenchymfasern des Oleanders kann
es vorkommen, dass die zweite Schicht bereits deutliche
Spiralstreifung besitzt, während die innerste, ungestreifte
Schicht erst in einer Lamelle vorhanden ist; aber es giebt
auch Fälle, wo die innerste ungestreifte Schicht schon
in beträchtlicher Dicke vorhanden ist, während die zweite
Schicht noch nichts von einer Spiralstreifung zeigt. Ausser
der Spiralstreifung beobachtet Krabbe auch noch eine
„Querlamellirung" in den Wänden der Sklerenchymfasern[2]),
die nicht durch Contactflächen zu Stande kommt, sondern auf wirklicher Substanzverschiedenheit der Cellulose
beruht. Bei der Flächenansicht einer Zelle treten die frag-
lichen Lamellen als hellglänzende Linien von messbarer
Dicke in der Zellwand hervor, sie brechen also das Licht
stärker und sind demnach substanzreicher als die Grundmasse
der Zellwand. Die Entwicklungsgeschichte lehrt, dass auch
diese Querlamellirung, wie die Spiralstreifung, erst das Pro-

---

1) l. c. p. 405.
2) l. c. p. 409.

duct späterer Differenzirungsvorgänge ist; denn sie kommt
erst in einem bestimmten Entwicklungszustande der Zellen
zum Vorschein. Sind die Zellen alt genug. dann zeigt jede
Schicht Querlamellirung. Eine eigenthümliche Erscheinung
ist, dass diese Querlamellen der Membranschichten mit dem
Alter der Zellen allmählich wieder verschwinden, und zwar
mit Rücksicht auf die einzelnen Membranschichten genau in
der Reihenfolge wie sie entstanden sind, also in der Reihenfolge von aussen nach innen. Da die Querlamellirung auch
an den Erweiterungen im Schwinden ist, oder fehlt, so kann
sie nicht auf Rissen beruhen. denn diese könnten unter solchen
Umständen nur deutlicher werden.

Am Schluss seiner Untersuchungen hebt K r a b b e zunächst
hervor, dieselben hätten das wichtige Resultat ergeben, dass
die nachträgliche Veränderung einer Cellulosehaut nicht blos
auf passiver Dehnung, Einlagerung heterogener Substanzen,
oder auf Modificationen in der Quellung beruhe. So lange
die Zellen noch Protoplasma führen, seien auch ihre Cellulosehäute Aenderungen unterworfen, die zum Theil wenigstens
nur durch nachträgliche, innere Differenzirungsprozesse, oder
Einlagerung gleichartiger Substanz, zu erklären sind. Damit
lässt sich auch eine Betheiligung der Intussusception an
der Dickenzunahme der Zellwände a priori nicht in Abrede
stellen. Es wäre, meint K r a b b e, auch mehr als sonderbar,
wenn eine Substanz, wie die Cellulose. die für eine grosse
Anzahl heterogener Substanzen in ihrem Inneren Platz hat,
ihren eigenen Molecülen stets den Eintritt verweigern sollte.
Apposition und Intussusception könnten sehr wohl gleichzeitig
stattfinden. K r a b b e möchte, auf Grund seiner Untersuchungen, noch einen dritten Process annehmen, der seiner
Meinung nach in keiner Beziehung weder zur Apposition,
noch zur Intussusception steht, dies sei die Neubildung
einer Cellulosehaut, ein Vorgang, der ohne directe Mit-

wirkung des lebenden Protoplasma nicht zu erklären ist. [1]
Wieso Krabbe sich veranlasst sieht, diesen Vorgang als
einen neuen Process hinzustellen, ist mir ebenso wenig
wie G. Klebs [2] verständlich. Scheint es mir doch, dass
Schmitz [3] sowohl als ich, den lamellösen Bau der Zellwände aus der Neubildung von Celluloselamellen aus Plasmahäutchen bereits abgeleitet haben.

Ich nahm Veranlassung, die von Krabbe geschilderten
Verhältnisse nachzuuntersuchen und kann die thatsächlichen
Angaben seiner Arbeit nur bestätigen. Nerium Oleander, Asclepias Cornuti, Linum usitatissimum, Euphorbia palustris und
Urtica dioica dienten mir zur Beobachtung, ausserdem noch
Vinca major. Bei den Gesichtspunkten, die mich leiteten, war
es von Bedeutung, auch die mikrochemische Reaction eingehender, als dies von Krabbe geschah, in Betracht zu ziehen.
Zahlreiche, möglichst genaue Abbildungen von Membranlamellen, die zu Messungen verwendet wurden, führten auch
mich zu der Ueberzeugung, dass ein nachträgliches Dickenwachsthum derselben hier nicht stattfinde. Sehr instructiv
sind in dieser Beziehung die getrennten Lamellen an den
Enden der Sklerenchymfasern von Euphorbia palustris und
der local erweiterten Stellen in den Sklerenchymfasern von
Nerium Oleander. Für diese Lamellen kommt die Annahme
eines Intussusceptionswachsthums nicht in Betracht. Damit
deckt sich gut, dass alle die angeführten Sklerenchymfaserwände dauernd typische Cellulose-Reaction behalten und nicht
die Spur der an das Verhalten von Proteïnsubstanzen er-
innernden Reactionen aufweisen. Solche Reactionen treten
uns hingegen gleichzeitig an den verholzten Elementen der-

---

[1] l. c. p. 412.
[2] Bot. Ztg. 1888, Sp. 371.
[3] Stzber. d. Niederrh. Gesell. f. Natur- und Heilkunde zu Bonn
6. Dec. 1880.

selben Präparate entgegen, besonders prägnant beispielsweise
bei Urtica dioica. Die mikrochemischen Reactionen geben
somit auch keine Anhaltspunkte für die Annahme einer
Substanzeinwanderung für die der Messung unterworfenen
Lamellen. Nun zeigte aber Krabbe, dass bei den localen
Erweiterungen, welche ältere Sklerenchymfasern, besonders
schön diejenigen von Nerium Oleander, erfahren, die Zellwände nicht entsprechend dünner werden, und sprach sich
dahin aus, dass diese Erscheinung ohne Annahme von Intussusceptionswachsthum gar nicht zu erklären sei. Eine
Substanzzunahme innerhalb der Lamellen muss in der That
an den Stellen localer Erweiterung angenommen werden,
denn nichts weist auf eine Abnahme der Dichte in diesen
Lamellen hin. Es lag nun nahe, zunächst zu prüfen,
ob nicht auf mikrochemischen Wege eine Substanzeinwanderung in die Wandung dort sich würde nachweisen
lassen. Das ist nun durchaus nicht der Fall. Die Wände
an den erweiterten Stellen reagiren, sowohl im fertigen Zustande, als auch während der Ausbildung der Erweiterung,
ebenso wie an anderen Orten. Da nun, nach den Ergeb-
nissen der Untersuchung, eine Substanzeinwanderung an den
Stellen der Erweiterung in die Membrantheile angenommen
werden muss, so frägt es sich, warum der mikrochemische
Nachweis dieser Einwanderung hier nicht gelingt. Das
hängt jedenfalls damit zusammen, dass das Product der Einwanderung Cellulose ist. Auch in anderen Fällen spricht
ja Alles dafür, dass es nicht das in die Membranen eingewan-
derte lebendige Plasma ist, sondern dessen Producte, welche wir
mikrochemisch nachweisen. Das geht ja schon aus dem Umstande hervor, dass die wachsenden Membranen bereits vielfach
mit den fertigen in ihren Reactionen übereinstimmen, während wir doch nur in ersteren lebendiges Cytoplasma annehmen können. Auch haben wir ja zahlreiche Beispiele

kennen gelernt, in welchen eine innere Membranschicht von
bestimmter Substanz durchwandert werden muss, damit die
Ernährung einer äusseren Membranschicht erfolge, diese
Substanzen aber in der inneren Schicht mikrochemisch nicht
nachzuweisen sind, weil sie eben dieselbe als lebendiges
Cytoplasma durchsetzen und erst innerhalb der äusseren
Membranschicht, in ihren Producten, nachweisbar werden.
Auch in den anderen Fällen ist es somit nicht das lebendige
Cytoplasma, respective die hyaloplasmatischen Bestandtheile
desselben, dessen Nachweis in der wachsenden Membran uns
gelingt. Es könnte daher sehr wohl auch in den wachsen-
den Stellen der localen Erweiterungen der Sklerenchymfasern,
Hyaloplasma sein, das in die zu ernährende Membran eindringt, ohne als solches durch die angewandten Mittel nachgewiesen zu werden und ohne in diesem Falle auch in seinen
Producten sich kenntlich zu machen, weil diese Cellulose
sind. Freilich bleibt hier aber auch die andere Möglichkeit offen, nämlich die Annahme einer Ernährung der
Membran durch aus dem Cytoplasma ausgeschiedene, in die
Membran eintretende Cellulose. Neue, specifische Structuren
können, meiner Ueberzeugung nach, nur unter Betheiligung
lebendiger Substanzen entstehen; hier aber, wo es sich nicht
um Ausbildung neuer derartiger Structuren, sondern nur um
Massenzunahme handelt, wäre letztere nach Art von Incrusta-
tationen, unter Aufnahme gleichwerthiger Substanz, wohl
möglich. Dass bei Anlage neuer Scheidewände und neuer
Membranlamellen Cytoplasmaplatten es sind, die sich direct
in Cellulose verwandeln, haben wir genugsam erfahren; somit hätte auch der Process einer Bildung neuer Cellulose-
theilchen aus eingewandertem Cytoplasma in schon angelegten Membranen zunächst mehr thatsächliche Stützen, als
die Annahme einer directen Cellulose-Ausscheidung. Immerhin

könnten beide Vorgänge neben einander bestehen. Krabbe[1]) meint, „es wäre mehr als sonderbar, wenn eine Substanz wie die Cellulose, die für eine grosse Anzahl heterogener Substanzen in ihrem Innern Platz hat, ihren eigenen Molecülen stets den Eintritt verweigern sollte." Wollen wir eine Ausscheidung von Cellulose in flüssiger Form aus dem Cytoplasma und die Bildung fester Cellulosemolecüle aus derselben im Innern der Membranen annehmen, so wäre in der That auch ein Wachsthum derselben im Krabbe'schen Sinne möglich.

Specifische Structuren, wie sie etwa Sporen- und Pollenhäute aufweisen, können wir nur unter Betheiligung der lebendigen Substanz, welche die Trägerin der erblichen Eigenschaften ist, entstanden denken; wenn somit nachträgliche Structurveränderung ohne Betheiligung der lebendigen Substanz in den Sklerenchymfaser-Wänden sich abspielen sollten, so müssten dieselben rein physikalische Ursachen haben. Zunächst sei hervorgehoben, dass die von Krabbe angeführten Thatsachen richtig sind. Die Verdickungsschichten der in Betracht kommenden Sklerenchymfasern erscheinen zunächst im Querschnitt wie in der Flächenansicht homogen, und hierauf erst bildet sich die Spiralstreifung (um bei dieser zunächst zu bleiben) durch Auftreten von Grenzflächen aus. Sollte diese Spiralstructur ganz unabhängig vom Cytoplasma sich differenzirt haben? Das nimmt Krabbe selbst nicht an, er hebt vielmehr hervor: wie jede der vom Protoplasma erzeugten Cellulosehäute eine individuelle Einheit bilde „die sich auch im Charakter der später eintretenden Differenzirungsvorgänge zu erkennen giebt." Auch fügt er hinzu, dass zwischen der Bildung einer rechts gestreiften und links gestreiften Schicht der Protoplasmakörper eine ziemlich tief-

1) l. c. p. 411.

gehende Veränderung, resp. Umstimmung erfahren haben
muss.[1]) Die Spiralstreifung sei aber trotzdem das Resultat
später eintretender Differenzirungsvorgänge. Hieran ändert
sich nichts, meint Krabbe, auch wenn man annehme,
dass die constituirenden Theilchen einer Membran bereits
bei der Anlage der letzteren eine Anordnung in spiralig
verlaufende Reihen bekommen. Denn immerhin seien spätere
Differenzirungsvorgänge erforderlich, damit aus diesen Mole-
cularreihen einzelne Schraubenbänder entstehen, die durch
mehr oder weniger deutliche Contactflächen von einander
getrennt sind.[2]) Ich meinerseits meine nun, dass wenn die
von Krabbe statuirte Structur der Membranschichten bei
der Anlage hier angenommen wird, weiterhin rein mechanische
Vorgänge, wie etwa Volumenabnahme durch Wasserverlust,
die Ausbildung von Trennungsflächen und somit der sicht-
baren Structur zur Folge haben könnte. Ich erlaube mir,
daran zu erinnern, dass ich seiner Zeit nachweisen konnte,
dass eine ganz ähnliche Streifung, wie die hier für die
Sklerenchymfasern in Betracht kommende, innerhalb der
Tracheïden des Kiefernholzes sich bereits in der Anordnung
der Körnchen des Primordialschlauches zu erkennen giebt.[3])
In den Tracheïden-Wänden des Coniferenholzes ist also die
Streifung sicher auf das Verhalten des Cytoplasma bei der
Membranbildung zurückzuführen. In den Sklerenchymfasern
dürfte es auch nicht anders sein. Dass die in der Membran
angelegten Structuren hier aber erst auf späteren Zuständen
sichtbar werden, ist jedenfalls sehr instructiv und ergänzt
in werthvoller Weise die von mir gesammelten Erfahrungen. —
Die Querlamellirung, die nachträglich in den Membranen
der Sklerenchymfasern sich einstellt, könnte andererseits ver-

1) l. c. p. 414.
2) l. c. p. 405.
3) Zellhautbuch, p. 51, und Taf. III, Fig. 25, 26.

anlasst werden durch das Vorhandensein von Stellen ab-
weichender Dichte, die schon bei der Anlage verschieden,
erst in Folge weiterer Veränderung, etwa stärkerer Incrustationen, ihre Verschiedenheit optisch offenbaren. Möglich
übrigens, dass die Ursache dieser Querlamellirug auch eine
völlig andere ist. In einem Präparat mit älteren Sklerenchymfasern, das ich der Einwirkung von Salpetersäure-Ammoniak ausgesetzt hatte, waren nämlich die queren Streifen
durch das Reagens nicht unwesentlich verstärkt worden und
liessen nun zum Theil deutlich erkennen, dass sie einer
schwachen Einfaltung der Membranlamellen, die sich quer
durch die ganze Dicke der Wand sogar fortsetzen kann,
ihre Entstehung verdanken. Eine durch das Dickenwachsthum bedingte, vielleicht nur zeitweise Verkürzung älterer
Gewebetheile könnte somit die in Betracht kommende Quer-
streifung zur Folge haben.

Bei der Kappenbildung in den localen Erweiterungen der
Sklerenchymfasern wird, wie Krabbe gezeigt hat, vielfach
Cytoplasma zwischen den aufeinander folgenden Membrankappen eingeschlossen. Daraus folgt, dass in solchen Fällen
es nicht die äusserste Protoplasmaschicht sein konnte, welche
die Membranlamelle erzeugte.[1] Diese Erscheinung ist ganz
instructiv, schliesst im Uebrigen durchaus an die bei jeder
Zelltheilung, Vielzellbildung und freien Zellbildung zu beobachtenden Vorgänge an: denn auch dort liegen die neu
gebildeten Membranen innerhalb des Plasmakörpers. Krabbe
hebt auch hervor, dass die genannte, in den Sklerenchymfasern beobachtete Erscheinung beweise, „dass während der
successiven Ausbildung der einzelnen Kappen keine Contraction des Plasmakörpers stattfindet, wie es bei der Pollen-
bildung und in anderen Fällen zu geschehen pflegt."[2] Dazu

1) Krabbe, l. c. p. 418.
2) Ebendas.

muss ich bemerken, dass die Angaben über Contractionen
bei der Pollenhautbildung, und in anderen dergleichen Fällen,
unzutreffend sind, und dass es sich dort nicht anders als bei
der Bildung der Membranlamellen der Sklerenchymfasern verhält. Auch wo eine neu entstehende Membranschicht von den
zuvor gebildeten getrennt bleiben soll, wird sie in Contact
mit denselben angelegt und sind es somit andere Ursachen
als der mangelnde Contact, welche ihre Selbständigkeit veranlassen.

Membranfalten.

Ich habe früher angegeben, dass die Membranfalten, wie
sie in Blumenblättern, bei Spirogyren u. dgl. zu beobachten
sind, als Leisten angelegt werden.[1] Diese Angabe war mir
nunmehr etwas fraglich geworden und doch konnten meine
erneuerten Untersuchungen dieselbe nur bestätigen. Freilich
wird jetzt die Deutung, die ich dem Vorgang gab, auf Grund
anderweitiger Erfahrungen etwas modificirt werden müssen.

Die Faltungen in den Epidermiszellen der Blumenblätter
sind inzwischen eingehender von Hiller[2] und Köhne[3]
studirt worden. Für unsere Zwecke wird die Betrachtung
eines prägnanten Beispiels genügen. Ich wähle als solches
Clarkia pulchella. Die Seitenwände der gestreckten Epidermiszellen der Petala dieser Pflanze sind zickzackförmig
hin und her gebrochen und bilden an den einspringenden
Kanten stark entwickelte Falten. Die Falten sind am Grunde
verengt, auch wohl völlig geschlossen, so dass sie im opti-

---

1) Zellhautbuch p. 196 ff.
2) Ber. d. deut. bot. Gesell. 1884. p. 21 und Jahrbuch f. wiss.
Bot. Bd. XV. 1884. p. 421.
3) Ber. d. deut. bot. Gesell. 1884. p. 24.

schen Durchschnitt wie Oesen erscheinen.[1]) Das Innere der
Falte ist mit Luft erfüllt. Nach aussen werden die Falten
von der Cuticula überspannt, welche die ganze Epidermis
fortlaufend deckt. Diese Cuticula zeigt eine parallele Streifung,
welche der Längsachse der Zellen folgt. Die Streifen sind
regelmässig geschlängelt und erscheint ihr Verlauf in keiner
Weise durch die Falten an den Seitenwänden der Epidermiszellen beeinflusst. Wie die Entwicklungsgeschichte lehrt[2]),
erfahren die Seitenwände der Epidermiszellen zunächst eine
zickzackförmige Brechung. Thatsächlich wird es bereits schwer,
sich das zu dieser Brechung führende Flächenwachsthum
der Seitenwände anders als durch Einlagerung von Substanz
in dieselben zu denken. Jede der einspringenden Kanten
beginnt hierauf zu einer Leiste auszuwachsen. Diese Leisten
sind ziemlich stark lichtbrechend, im Innern solid. Man
kann sich hiervon leicht an frischen und an den mit Reagentien behandelten Präparaten überzeugen. Die Ausbildung der
Leiste erfolgt erst relativ spät, in weit entwickelten Blüthenknospen. Man nimmt für die Untersuchung ein Stück eines
hinreichend alten Kronenblattes, bringt es auf einen Tropfen
der auf ihre Einwirkung zu prüfenden Flüssigkeit und zerdrückt es nun stellenweise mit einem Glasstab. Durch dieses
Zerdrücken wird die anhaftende Luft von dem Präparat
entfernt, die Verdickungsleisten hier und dort vollständig
freigelegt und der Beobachtung unmittelbar zugänglich gemacht. In Wasser leiden die Leisten nicht wesentlich, auch
nicht an den freigelegten Stellen, quellen dort nur etwas
auf, was ihr Studium erleichtert. Es unterliegt keinem Zweifel,
dass diese Leisten zunächst solid sind und dass sie als ziemlich gleich dicke, weiterhin an der Innenkante etwas an-

1) Vergl. das zutreffende Bild bei Hiller, Jahrb. f. wiss. Bot.
Bd. XV. Taf. XXII, Fig. 6.
2) Vergl. auch Hiller, l. c. p. 427 ff.

schwellende Vorsprünge in die Erscheinung treten. Dass sie
solid sind, zeigt am besten die Behandlung mit Kalilauge,
in der sie rasch von aussen nach innen abschmelzen. Die
übrigen Theile der Seitenwände resistiren der Kalilauge
besser. In Eau de Javelle schwinden rasch die Leisten und
alsbald auch alle übrigen, nicht cutinisirten Theile der Epi-
dermiswand. Chlorzinkjodlösung und auch Millon's Reagens
rufen ein Verquellen dieser Wand ohne Farbenänderung hervor und ebenso auch Salpetersäure-Ammoniak. Vorsichtige
Anwendung verdünnter Salpetersäure ruft eine instructive
Quellung der Leisten hervor. Es fehlen die Marken für
eine sichere Entscheidung der Frage, ob das Wachsthum der
Leisten durch Einwanderung von Substanz, oder durch Anlagerung entsprechend schmaler Lamellen an der Innenkante
erfolgt. Eine solche Anlagerung erscheint mir nicht unwahrscheinlich, doch wenn sie auch stattfinden sollte, kann es nur
im Verein mit Substanzeinwanderung geschehen. Für einen
bedeutenden Reichthum an eingewanderten hyaloplasmatischen
Substanzen spricht ja auch die geringe Resistenzfähigkeit der
Leisten gegen Eau de Javelle. Letzteres Verhalten gilt, wie
wir gesehen haben, auch für die übrige Epidermiswandung,
bei der wir uns aber auch das ausgiebige Flächenwachsthum
schwerlich anders als mit Zuhilfenahme einwandernder Substanzen vorstellen können. Ganz sicher muss es sich um
Substanzeinlagerung bei der weiteren Entwicklung der Leisten
zu Falten handeln, denn damit ist eine Erweiterung der
Leisten an ihrer Innenkante verbunden, die durch Apposition
nicht zu Stande kommen könnte. Augenscheinlich wird die
ganze Oberfläche der Leiste zuletzt stärker ernährt, wodurch
Spannungen entstehen, welche zu einer Continuitäts-Unter-
brechung im Innern und so zur Ausbildung der innern Hohlräume führen. Dieses Oeffnen der Falten findet erst kurz
vor dem Aufblühen, und während desselben, statt. Dabei

nimmt die Grösse der Kronenblätter etwa im Verhältniss von
3 zu 4 in der Längsrichtung, von 3 zu 5 in der Breite zu.
Entsprechend wachsen die Massen der einzelnen Zellen an.
Während dieser Grössenzunahme dringt Luft in das Innere
der Falten ein. Eine Erweiterung der Falten findet aber
auch nach dem Aufblühen noch statt, wobei die Kronenblätter etwa um ein Siebentel an Länge und Breite zunehmen.
An der fertigen Membran ist mit Chlorzinkjodlösung Blaufärbung unschwer zu erzielen und verhalten sich hierbei die
Falten nicht anders wie die übrigen Membrantheile. Gemein-
schaftlich resistiren sie jetzt auch der Kalilauge, wobei sich
die Wände an den Oesen nur etwas lichtbrechender zeigen.
In Millon's Salz und Salpetersäure-Ammoniak erfolgt auch
jetzt keine Färbung. Eau de Javelle löst die Wand nicht
mehr; nach längerer Einwirkung derselben wird die Blaufärbung mit Chlorzinkjod um so leichter. — Die Streifung
der Cuticula ist schon vor Beginn der Leistenbildung auf
den Epidermiszellen vorhanden. Bei weiterem Wachsthum
der Kronenblätter prägt sich die Zeichnung schärfer aus,
wobei die Streifen seitlich auseinander geschoben werden.
Sie weichen aber von ihrem ursprünglichen Verlauf dabei nicht ab. Auch dieses beweist, falls ein weiterer Be-
weis noch nöthig wäre, das die Falten als Neubildung den
Seitenwänden der Epidermiszellen aufgesetzt werden. Denn
eine so starke Einfaltung, von der Seitenwandung selbst ausgeführt, müsste, da ein Gleiten derselben längs der Aussenwand kaum anzunehmen ist, eine entsprechende Verschiebung
der Cuticularstreifen zur Folge haben.

Nicht anders wie in Blumenblättern werden die Falten
an den Endflächen der Zellen von Spirogyren ausgebildet.
Ich hatte jetzt Gelegenheit, eine ziemlich dicke, 0,033 mm
Durchmesser messende, mit nur einem Schraubenbande versehene, wohl zu Spirogyra Weberi gehörige Form zu unter-

suchen und die Entwicklung der Falten dort zu verfolgen.
Die Falten werden schon während der Scheidewandbildung,
bei der Zelltheilung, angelegt. Während bei Spirogyren ohne
„zurückgeschlagene" Zellenden die in Bildung begriffene, in
das Zellinnere vordringende Scheidewand sehr dünn ist, zeigt
sie hier wesentlich grössere Dicke und erscheint auch stärker
lichtbrechend. Sie wächst zunächst an ihrer Innenkante als
einfache Leiste fort, hat sie aber den Verbindungsschlauch [1])
zwischen den beiden Schwesterkernen erreicht, so beginnt
sie, von ihrer Innenkante aus, nach zwei Seiten hin weiter
zu wachsen. Sie folgt hierbei der gewölbten Oberfläche des
Verbindungsschlauches, sich derselben genau anschmiegend.
Es zeigt somit der optische Durchschnitt der vordringenden
Scheidewand jetzt das Bild einer in das Zellinnere ringsum
gleich tief eingedrungenen, T-förmigen Leiste. Von der Mitte
des Daches dieser T-förmigen Figur aus setzt sich die Scheidewand alsbald rechtwinklig wieder fort, bis dass der ganze
Querschnitt der Zelle durchsetzt ist. Das Chlorophyllband
pflegt erst im letzten Augenblick durchschnitten zu werden.
— Die relativ grosse Dicke der in Bildung begriffenen Wand,
ihre starke Lichtbrechung, endlich der sehr auffallende Umstand, dass das Cytoplasma nicht allein um ihre Innenkante,
sondern an ihrer ganzen Oberfläche angesammelt bleibt, das
Alles scheint zu zeigen, dass hier mit der Anlage der Scheidewand eine starke Ernährung derselben, wohl durch Substanzmassen, die in ihr Inneres eindringen, bewirkt wird. Die
bandförmig erweiterte Stelle an der Scheidewand nimmt nach
ihrer Anlage noch an Breite zu. Dieses Wachsthum hält
auch nach Abschluss der Scheidewandbildung noch an. Dem-
entsprechend sieht man auch feinkörniges Cytoplasma um die

---

1) Vergl. über diesen: Histologische Beiträge. Heft I. Ueber
Kern- und Zelltheilung im Pflanzenreich, nebst einem Anhang über
Befruchtung. 1888. p. 18.

bandförmige Erweiterung und innerhalb des von derselben umschriebenen Raumes längere Zeit noch angesammelt. In diesem Cytoplasma ist lebhafte Körnchenströmung zu beobachten. Ein bevorzugtes Wachsthum der Aussenflächen der so ernährten Theile mag Spannungen und schliesslich eine Spaltung im Innern veranlassen und so zur Bildung der beiden eingestülpten Falten führen. Der Spaltungsvorgang beginnt, noch bevor die bandförmige Erweiterung ihre volle Breite erreicht hat. — Bekanntlich stülpen sich diese eingeschlagenen Falten nach aussen vor, wenn die Zellen aus dem Verbande treten. Diese Trennung kann man leicht künstlich durch Druck auf den Faden bewirken. Dabei werden die Aussenschichten der Zellhaut durchbrochen und die Falten wölben sich gegen einander vor. Irgend eine Mittellamelle ist zwischen denselben nicht wahrzunehmen, im Gegensatz zu den Spirogyren ohne eingefaltete Zellenden, welche bekanntlich eine solche-Mittellamelle bei der Trennung abstossen.[1])

Der Cellulose-Ring in den sich theilenden Zellen von Oedogonium tumidulum sieht einer unter dem Einfluss von Reagentien gequollenen Faltenanlage in den Blumenblättern von Clarkia pulchella so ähnlich, dass die Annahme einer gleichen Entwicklung schon von vorn herein nahe gelegt wird. In der That entsprechen sich auch diese Vorgänge. Der Ring tritt als eine solide, ziemlich dicke, stark lichtbrechende, der Innenschicht der Zellwand aufgesetzte Leiste in die Erscheinung[2]), ganz ähnlich wie die Scheidewand bei Spirogyra Weberi. Diese Leiste nimmt an Höhe zu, schwillt in ihrem dem Zellinnern zugekehrten Theile an, während gleichzeitig sich in ihrem Innern eine dunkle Stelle, als Anlage einer

---

1) Ueber Zellbildung und Zelltheilung. I. Aufl. 1875. p. 57.
2) Vergl. auch Zellbildung und Zelltheilung. III. Aufl. p. 189. Taf. XII, Fig. 43—45. und Bau und Wachsthum der Zellhäute. p. 197.

Spalte markirt. Die weitere Höhenzunahme der Leiste ist
mit gleich starkem Dickenwachsthum verbunden, so dass dieselbe in einen Ring von fast kreisförmigem Durchschnitt verwandelt wird. Die Ansatzstelle des Ringes behält annähernd
die Dicke der ursprünglichen Anlage bei. Ob das Wachsthum des Ringes auf Einwanderung von Substanz allein beruht, oder der Anlage zugleich neue Lamellen vom Cytoplasma aus apponirt werden, lässt sich nicht entscheiden.
Wären so zahlreiche Schichten vorhanden, wie sie Wille
abbildet[1]), so müsste wohl Apposition neuer Lamellen stattgefunden haben, da, wie wir auch in dieser Arbeit gesehen,
ein solcher lamellöser Bau eine Folge von Anlagerung ist.
Doch haben sowohl Pringsheim[2]) wie ich[3]) bis jetzt nur
eine äussere dichtere und eine innere weniger dichte Schicht
in der Substanz des Ringes unterscheiden können und diese
Differenzirung liesse sich ohne Weiteres aus der stärkeren
Ernährung der peripherischen Theile des Ringes erklären.

Fassen wir das über Faltenbildung an Membranen hier
Gesagte nunmehr zusammen, so ergiebt sich, dass in der
That diese Erscheinung ohne Annahme einer Substanzeinwanderung in die Membranen schwer zu begreifen wäre. Welcher
Art die einwandernde Substanz ist, lässt sich hier, ebenso
wenig wie zuvor in den Sklerenchymfaser-Wänden, direct
entscheiden. Auch hier lassen uns die Reagentien fast vollständig in Stich und kann ich nur die geringe Resistenzfähigkeit junger Falten der Blumenblatt-Epidermis von Clarkia
pulchella in Eau de Javelle zu Gunsten einer Einwanderung
von Cytoplasma anführen.

---

1) Algologische Mittheilungen, Jahrb. f. wiss. Bot. Bd. XVIII.
Taf. XVI. Fig. 25, Text dazu p. 444.
2) Pflanzenzelle. p. 35.
3) Zellbildung und Zelltheilung. III. Aufl., p. 190.

Flächenwachsthum.

Im Anschluss an Schmitz[1]) war ich[2]) bereits zu dem
Resultate gelangt, dass beim Scheitelwachsthum bestimmter
Algen die Membranlamellen an den Vegetationspunkten fort-
dauernd gedehnt und gesprengt werden, während in dem
gleichen Maasse neue Membrankappen von innen aus der
Scheitelwölbung apponirt werden. Noll erweiterte diese
Angaben und begründete dieselben auf experimentellem
Wege.[3]) Es geschah dies vornehmlich bei Caulerpa prolifera,
bei Bryopsis und Derbesia-Arten. Auch zeigte Noll, dass
bei Caulerpa, Cladophora, Polysiphonia, auftretende Neu-
bildungen sich nicht anders den Membranen ihrer Ursprungs-
orte gegenüber verhalten. Besonders lehrreich erschienen
die adventiv entstehenden Blatt- und Wurzelauswüchse: die
Membran des Ursprungsortes war von denselben gesprengt,
und zwar von jungen Sporen wie von einer stumpfen Nadel
durchbohrt worden. — Nach diesen Erfahrungen findet somit
ein Spitzenwachsthum älterer Membranlamellen durch Intussusception an den untersuchten Objecten nicht statt.

Ob aber alles Flächenwachsthum auf Dehnung, respective
Sprengung älterer und Bildung neuer Membranlamellen beruht, muss zunächst noch dahingestellt bleiben. Ist constatirt, dass Membranen durch Einwanderung neuer Substanzen
wachsen können, ist es wahrscheinlich gemacht, dass locale·
Erweiterungen und Faltenbildungen bei manchen Zellhäuten
auf ähnlichen Ursachen beruhen, so brauchen derartige Vorgänge auch von denjenigen Wachsthumvorgängen der Membranen, welche mit der Längenzunahme der Zellen verbun-

1) Stzber. d. niederrh. Gesell. f. Natur- und Heilkunde in Bonn.
6. Dec. 1880. Sep.-Abdr. p. 8.
2) Zellhautbuch, p. 189.
3) l. c. p. 121, 132, 152 u. a. m.

den sind. nicht ausgeschlossen zu sein. Bemerkt muss aber
werden, dass augenblicklich die Sache so steht, dass bei er-
giebigem Flächenwachsthum der Membranen für bestimmte
Fälle eine Dehnung und Sprengung der vorhandenen und die
Apposition neu gebildeter Membranlamellen sicher gestellt ist,
während der Nachweis eines ergiebigen Flächenwachsthums
durch Einschaltung neuer Substanztheile in schon vorhandene
Lamellen noch zu führen ist.

Der innere Bau und das chemische Verhalten der Membran.

In seinen neuerdings veröffentlichten „Untersuchungen
über die Organisation der vegetabilischen Zellhaut"[1]) stellt
Wiesner Gesichtspunkte auf, die vielfach die in dieser
Arbeit erörterten streifen und welche daher auch eine ein-
gehende Berücksichtigung an dieser Stelle verlangen. Wiesner erblickt den Schwerpunkt seiner Ausführungen vor Allem
in dem Umstande, dass durch dieselben „der Charakter der
wachsenden Zellwand als lebendes, protoplasmaführendes
Gebilde in den Vordergrund gestellt und sowohl die Structur
als das Wachsthum und der Chemismus der Zellhaut den
analogen Verhältnissen des Protoplasma näher gebracht
wird."[2]) So lange die Wand wächst, meint Wiesner, enthält sie lebendes Protoplasma (Dermatoplasma). — Dieser
Satz verlangt, wie die in dieser Arbeit niedergelegten Erfahrungen lehren, eine gewisse Einschränkung. Nicht alle
Wände wachsen durch Einwandern von Cytoplasma, so
vor Allem nicht diejenigen, die durch Apposition neuer La-

---

1) Sitzber. d. Wiener Akad. d. Wiss. Jahrg. 1886. Bd. XCIII.
p. 17.

2) l. c. p. 62.

mellen an Dicke zunehmen und keine weitere Veränderung
erfahren. Sobald an solchen Wänden eine neue Plasmaschicht sich in eine Cellulose-Lamelle verwandelt hat, enthält letztere auch kein lebendes Plasma mehr und dieses
wandert unter den gedachten Umständen in dieselbe auch
weiterhin nicht mehr ein. Nur von solchen Zell-Membranen,
in welchen nachträglich lebendes Cytoplasma einwandert,
lässt sich behaupten, dass sie zeitweise lebendigen Inhalt
führen. Dann ist es aber für alle Fälle doch nur dieses
Plasma, welches lebt, als todt müssen hingegen von Anfang
an alle die von ihnen erzeugten Producte gelten. — Die
Annahme von Wiesner, dass die Zellhaut einen netzförmigen Bau besitze, dass sie aus kleinen, runden, organisirten
Gebilden, die er als Dermatosomen bezeichnet, bestehe, dass
diese Gebilde, so lange als die Zellhaut wächst, durch zarte
Protoplasmazüge verbunden seien, lässt sich durch die directe
Beobachtung nicht stützen. Die mikrokokkenartigen Körper,
die Wiesner mit Hilfe tief eingreifender Manipulationen [1])
aus Zellwänden dargestellt hat, können schwerlich als die
Elemente dieser Zellwände gelten. Im Gegentheil lässt sich
mit Bestimmtheit zeigen, dass eine junge, eben angelegte
Wand, welche die Wiesner'schen Dermatosomen am ehesten
zur Anschauung bringen müsste, unter keinen Umständen
etwas von deren Existenz verräth [2]). Daher ich auch keine
Bedenken trug, die Bezeichnung „Dermatosomen" [3]) in einem
anderen Sinne, nämlich für die wirklich bestehenden Elemente der Zellplatte, aus welchen eine Zellwand hervorgeht,

---

1) Vergl. l. c. p. 29 ff. Auch Van Wisselingh stellte auf ähn-
lichem Wege solche „Dermatosomen" her: Sur la paroi des cellules
subéreuses, Archives néerlandaises. 1888. Bd. XXII. p. 282 ff.

2) Vergl. auch Strasburger, „Ueber Kern- und Zelltheilung
im Pflanzenreich, nebst einem Anhang über Befruchtung". 1888.
p. 175.

3) Ebenda. p. 161.

zu verwerthen. Diese Elemente geben bei der Umwandlung der Zellplatte in die Zellmembran ihre Selbständigkeit auf, und speciell auf diesen Punkt gerichtete Untersuchungen schlossen jede Möglichkeit einer Zurückführung der Wiesner'schen Dermatosomen auf die Elemente der Zellplatte aus. — Trotz dieser vielfachen Einwände war es sicher ein fruchtbarer Gedanke, den Wiesner mit der Annahme aussprach, dass eine wachsende Membran lebendes Protoplasma enthalte. und hat ja diese Arbeit, nach einer bestimmten Richtung hin, auch thatsächlich seine Annahme bestätigt. — Die von Wiesner aufgestellte, mit seinen übrigen Ansichten in Verbindung stehende Behauptung, dass die Zellwand Eiweisskörper enthalte, hat vornehmlich Veranlassung zu zahlreichen Controversen gegeben, ist aber auch sicher in ihrer Allgemeinheit unhaltbar.[1] Hingegen hat Wiesner jedenfalls mit Recht darauf hingewiesen, dass die Anwesenheit bestimmter Verbindungen, der sogenannten aromatischen Verbindungen (Benzolabkömmlinge), die in der Zellwand, so auch von Substanzen aus der Classe der Fettkörper, weder auf Infiltrationsproducte noch auf directe Umwandlungsproducte der Cellulose sich zurückführen lasse, dass es sich hierbei vielmehr mit Wahrscheinlichkeit um Producte der Proteïnkörper handle. Diese Producte sind es überhaupt, die, meiner Meinung nach, die auf Eiweiss gedeuteten Reactionen der

---

1) Vergleiche hierzu vornehmlich die Arbeit von Krasser, Untersuchungen über das Vorkommen von Eiweiss in der pflanzlichen Zellhaut, nebst Bemerkungen über den mikrochemischen Nachweis der Eiweisskörper. Stzber. d. Wiener Akad. d. Wiss. Bd. XCIV, 1886. p. 118, und die sich hieran knüpfende Polemik: G. Klebs, Einige Bemerkungen zu der Arbeit von Krasser etc. Bot. Ztg. 1887. Sp. 697. Alfred Fischer, Zur Eiweissreaction der Zellwand, Ber. d. Deut. bot. Gesell. 1887. p. 424 und 1888, p. 113. Wiesner, Zur Eiweissreaction und Structur der Zellmembran. Ebenda. 1888. p. 33.

Zellwand veranlassen. Wie wir gesehen haben, kommen
diese Reactionen nur den cutinisirten, verkorkten und verholzten Zellwänden zu, während die mit Cellulose-Charakter
versehenen Zellwände sie überhaupt nicht, oder nur in sehr
schwachem Maasse, aufweisen. Da auch die aus dem Cytoplasma eben entstandene Cellulosewand nicht anders reagirt,
so muss das an der Verschiedenheit in dem Verhalten der
Producte liegen und dieser Umstand mag es veranlassen, dass
die characteristischen Reactionen auch in wachsenden Cellulose-Lamellen, die ihren Cellulose-Character beibehalten, aus-
bleiben, auch wo eine Einwanderung von Cytoplasma in die
wachsende Membran, nach Analogie, nicht eben unwahrscheinlich, oder doch jedenfalls möglich ist. Das lebende Hyaloplasma in den Membranen sicher nachzuweisen, dazu reichen
die jetzigen Mittel, soweit meine Erfahrungen einen Schluss
erlauben, nicht aus und auch die von Krasser[1]) angewandte
Loew-Bokorny'sche alkalische Silberlösung ist dessen nicht
fähig. Dass nämlich die Loew-Bokorny'sche Silber-Reaction
in den Membranen auch durch andere Stoffe wie lebendiges Eiweiss hervorgerufen werden kann, das zeigt unzweifelhaft der Umstand, dass Krasser mit Hilfe derselben
lebendiges Eiweiss auch in den Wänden fertiger Gefässe
glaubte nachweisen zu können. Dass dieses ein Unding
ist, hat Klebs bereits hervorgehoben.[2])

1) l. c. p. 37.
2) Bot. Ztg., 1887, Sp. 705.

Schlussbetrachtungen.

Auf Grund der in dieser Arbeit niedergelegten Erfahrungen, will ich es nunmehr versuchen, ein zusammenfassendes Bild von der Entstehung und von dem Wachsthum vegetabilischer Membranen zu entwerfen. Dieses Bild lässt sich freilich nur in den allergröbsten Zügen zeichnen und dürfte noch manche Erweiterung und Berichtigung erfahren.

Die bei der Zelltheilung auftretenden Membranen gehen, soweit die Beobachtung reicht, durch directe Umwandlung aus den Zellplatten, welche cyptoplasmatischer Natur sind, hervor. Ebenso werden neu gebildete Membranen und Membranlamellen durch Umwandlung aus entsprechenden Cytoplasmaschichten erzeugt. Sie entstehen für gewöhnlich an der Peripherie des Plasmakörpers, können aber auch sein Inneres durchsetzen.

So angelegte Membranen und Membranlamellen wachsen entweder nicht mehr, dann wandert auch keine weitere Substanz in dieselben aus dem Zellinnern ein. So ist es besonders beim Dickenwachsthum geschichteter Zellhäute, die ihren Cellulosecharakter beibehalten.

Oder es wachsen die Membranen oder Membranlamellen nach ihrer Anlage und dieses erfolgt durch Einwanderung von Substanzen aus dem Zellinnern.

Diese in die Membran einwandernde Substanz dürfte für gewöhnlich lebendiges Zellplasma, und zwar Hyaloplasma sein, und dieses sich erst innerhalb der Membran in Membranstoffe verwandeln. In gewissen Fällen ist ein Wachsthum der Membran durch unmittelbare Einwanderung ihr gleichwerthiger Membranstoffe nicht ausgeschlossen, aber auch noch nicht erwiesen.

Die Einwanderung von lebendigem Hyaloplasma findet vor Allem dort überall statt, wo neue specifische Structuren in den wachsenden Membranen angelegt werden. Sie ist anzunehmen bei cutinisirenden und verkorkenden Membranen und zwar dürfte sie im ersten Falle meist ergiebiger als im zweiten sein. Weniger sicher, wenn auch nicht unwahrscheinlich, ist ein Eindringen von Hyaloplasma in die Zellwand bei der Verholzung. Für die Annahme einer Einwanderung von Hyaloplasma in wachsende Cellulosehäute, die ihren Cellulose - Charakter behalten, lassen sich höchstens Wahrscheinlichkeitsgründe anführen. Möglich bleibt es immerhin, dass in letzterm Falle Cellulose es selbst sei, die vom Cytoplasma in gelöster Form ausgeschieden, Aufnahme in die Membran findet.

Die gewohnte Schichtung der Membranen von Gewebezellen ist auf Apposition, d. h. auf Anlagerung von Membranlamellen, die succesive aus peripherischen Cytoplasmaschichten erzeugt werden, zurückzuführen.

Das Flächenwachsthum der Membranen beruht nachgewiesenermaassen an gewissen Objecten auf Dehnung respective Durchbrechung der alten und auf der fortgesetzten Anlagerung neuer Membranlamellen. In anderen Fällen, so beispielsweise bei der mit wellenförmiger Verbiegung verbundenen Flächenzunahme der Seitenwände von Epidermiszellen, liegt, aller Wahrscheinlichkeit nach, Substanz-Einwanderung in die Membran vor. Dieses muss auch bei localen Erweiterungen,

Faltenbildungen und dergleichen angenommen werden. Dass
die einwandernde Substanz Hyaloplasma sei. lässt sich nicht
sicher erweisen, dass es gelöste Cellulose sei, ist nicht direct
ausgeschlossen.

Ueberall wo cutinisirende, verkorkende oder verholzende
Zellwände ausgebildet werden sollen, erfolgt zunächst die
Anlage von Membranen oder Membranlamellen, die aus Cellulose oder einem jedenfalls nahe verwandten Kohlehydrat bestehen. Erst in diese Membranen oder Membranlamellen wandern die Stoffe ein, welche die Cutinisirung, Verkorkung oder
Verholzung veranlassen sollen. Nur in den merkwürdigen
Perine-Bildungen der Hydropterideen sind uns Fälle bekannt
geworden, wo das Cytoplasma in gallertartige, zuvor oder
zugleich ausgeschiedene Substanzmassen einwandert, um cutinisirte Häute dort auszubilden. Diese Perinen werden entweder
simultan, ihrer ganzen Ausdehnung nach, oder succedan, in
bestimmter Richtung fortschreitend, ausgebildet.

Im Anschluss an die Perine-Bildungen trat uns auch
der eigenthümliche, einzige Fall entgegen, wo ein Organismus
einen anderen, in ihm parasitisch lebenden, mit einer aufge-
lagerten Haut versieht.

Aus den bisherigen Untersuchungen geht hervor, dass
die Schichtenzunahme und somit auch die sich aus ihr er-
gebende Dickenzunahme der vegetabilischen Zellmembranen,
durch Anlagerung erfolgt und dass auch, wenigstens in bestimmten Fällen, während der Flächenzunahme der Zellmembran, derselbe Vorgang, mit Dehnung älterer Membranlamellen verbunden, sich abspielt.

Wo ein wirkliches Wachsthum der Membranen, das
heisst eine durch Wachsthum bedingte Volumenzunahme
bereits vorhandener Membrantheile vorliegt, findet dieses

durch Einwanderung von Substanzen statt. Soll man nun diesen Vorgang ein Intussusceptionswachsthum nennen? Ich habe gegen diese Bezeichnung nichts einzuwenden, bemerke aber, dass dieser Vorgang sich in denjenigen Fällen, wo ein Eindringen lebendiger Substanz in die Membran angenommen werden muss, wesentlich anders gestalten würde, als man das früher annahm. Wesentlich übereinstimmender mit älteren Anschauungen würde eine Ausscheidung von Cellulose aus dem Zellleibe und Aufnahme derselben in die wachsende Membran sein. Ich habe einen solchen Wachsthumsvorgang für bestimmte Fälle als möglich zugegeben, derselbe bleibt aber noch zu erweisen.

Durch den hier versuchten Nachweis, dass nachträgliche Ausgestaltungen in wachsenden Membranen auf die formbildende Thätigkeit des Protoplasma zurückzuführen seien, ist, wie ich denke, ein weiterer Schritt zu einer einheitlichen Auffassung der Lebenserscheinungen gethan, indem hiermit von Neuem auf das Protoplasma als auf den einzigen Träger der ererbten, formgestaltenden Thätigkeit innerhalb des Organismus hingewiesen wird. Wie weit freilich bestimmte Structuren als specifisch ererbte oder als unmittelbar mechanisch bedingte aufzufassen sind, wird weiter auseinander zu halten und zu bestimmen sein, kommen doch beispielsweise ganz ähnliche Schichtungen und radiale Streifungen, wie sie die Stärkekörner charakterisiren, auch verschiedenen Sphaeriten (Sphaerokrystallen) zu.

Erklärung der Abbildungen.

Tafel I.

Fig. 1—30. Azolla filiculoides.

Soweit nicht anders angegeben, Alcohol-Material in Choralhydrat
und Jodglycerin untersucht.

Fig. 1. Columella aus einem jungen Mikrosporocarpium mit
Sporangienanlagen. Am Scheitel der Columella, eine ab-
gestorbene Makrosporangium-Anlage (m a), im Uebrigen
Mikrosporangien-Anlagen. Frisch. Vergr. 90.

Fig. 2. Junges Mikrosporangium nach Ausbildung der Hohlräume, die zur Bildung der Massulae dienen sollen. Vergrösserung 240.

Fig. 3. Körner, die sich mit Jodlösung weinroth färben, aus
dem Innern einer Massula-Anlage. Vergr. 900.

Fig. 4. Plasmanetz mit Körnern, im Innern einer Massula-
Anlage. Vergr. 900.

Fig. 5. Ebensolches Netz auf nächstfolgendem Entwicklungsstadium. Vergr. 900.

Fig. 6. a) Partie aus dem Innern einer Massula-Anlage
zur Zeit des Auftretens der Kammerwände. b) Flächenansicht des Hüllplasma aus demselben Sporangium.
c) Optischer Querschnitt dieses Hüllplasma. Vergr. 900.

Fig. 7. Partie aus dem Innern einer Massula bis an deren Oberfläche reichend, bald nach Anlage der Kammerwände. Vergr. 900.

Fig. 8. Eine Kammer an einer Massula, bald nach Anlage der Kammerwände mit einem das Lumen umgebenden Häutchen. Alcohol-Material nach Haematoxylin-Färbung in Origanumöl. Vergr. 900.

Fig. 9. Partie aus dem Innern einer Massula bis zur Peripherie reichend. Vergr. 900.

Fig. 10. Sporangium mit den Massulae bald nach Anlage der Kammerwände in denselben. Vergr. 240.

Fig. 11 a, b u. c. Anlage der Glochiden. Vergr. 900.

Fig. 12. Eine fertige Glochide. Frisch. Vergr. 540.

Fig. 13 a u. b. Die obereren Theile fertiger Glochiden. Frisch. Vergr. 900.

Fig. 14 a u. b. Obere Theile fertiger Glochiden nach Schwefelsäurebehandlung. Vergr. 900.

Fig. 15. Eine reife Massula mit Glochiden aus dem Sporangium befreit. Frisch. Vergr. 240.

Fig. 16. Junge Makrosporocarpium-Anlage noch vor ihrem Abschluss am Scheitel, mit einwandernden Anabaena-Schnüren. Vergr. 240.

Fig. 17. Nächst ältere Makrosporocarpium-Anlagen. Vergrösserung 150.

Tafel II.

Fig. 18 bis 21. Aufeinander folgende Stadien der Entwicklung des Makrosporocarpiums, die Ausbildung des Gehäuses des Makrosporocarpiums, der Makrospore und der Perine an derselben zeigend. Vergr. 150.

Fig. 22. Randpartie von der Rückenfläche der Makrospore
mit Exine, dem anschliessenden Hüllplasma und der
Sporangiumwandung. Vergr. 900.

Fig. 23. Flächenansicht des Hüllplasma von der Rückenfläche einer etwas älteren Makrospore. zur Zeit der Ausbildung von Hohlräumen. Vergr. 900.

Fig. 24. Flächenansicht des Hüllplasma von einer etwas
älteren Anlage, mit zahlreichen, in den Chromatophoren
erzeugten Körnern. Vergr. 900.

Fig. 25. a) Flächenansicht der Perine auf nächst folgenden
Stadien. Zwischen den Warzen noch die nämlichen
Körner wie in der vorhergehenden Figur. b) Exine,
Perine und Reste des Hüllplasma demselben Objecte
entnommen, im Querschnitt. c) Eine einzelne, besonders
stark entwickelte Partie vom Grunde derselben Spore,
im Querschnitt. Vergr. 900.

Fig. 26. Partie aus der Haut, von der Rückenfläche einer
reifen Makrospore, im Querschnitt. Frisch. Vergr. 520.

Fig. 27. Partie aus der Basis des Schwimmkörpers einer
fast reifen Makrospore, im Längsschnitt. Vergr. 900.

Fig. 28. Fadengewirr von dem Scheitel des Schwimmkörpers
einer reifen Makrospore. Vergr. 900.

Fig. 29. Längsschnitt durch ein reifes Makrosporocarpium
und die Makrospore. Frisch. Vergr. 100.

Fig. 30. Längsschnitt durch eine ebensolche, aus dem Makrosporocarpium befreite Makrospore. Die Schwimmkörper
losgelöst, die Fäden umgeschlagen. Frisch. Vergr. 100.

Fig. 31—38. Salvinia natans.
Alcohol-Material in Chloralhydrat und Jodglycerin.
Vergr. 900.

Fig. 31. Partie aus dem Inhalte eines jungen Mikrosporangiums zur Zeit der Ausbildung der Hohlräume.

Fig. 32 bis 37. Die aufeinander folgenden Stadien der Sonderung des Plasmodiums, der Ausbildung des Kammerwerkes, sowie des schliesslichen Aufbrauchs der zellenartigen Plasmodium-Theile und ihrer Zellkerne zeigend.

Fig. 38. Partie von der Oberfläche einer Makrospore, die Exine, die in Bildung begriffene Perine, und das dieser anliegende Hüllplasma zeigend.

Tafel III.

Fig. 1—9. Senecio vulgaris.

Vergr. 1000.

Die sämmtlichen Pollenkörner in derselben Lage, mit aufrecht stehender Axe, im optischen Durchschnitt gezeichnet.

Fig. 1. Junge Pollenzellen gleich nach Anlage der eigenen Haut. Die innerste Schicht der Specialmutterzellwände noch als ganz schwacher Umriss angedeutet. Alcohol-Material in Glycerin untersucht.

Fig. 2 bis 5. Aufeinanderfolgende Zustände der Pollenhaut-Entwicklung, an frischem, in concentrirter Salpetersäure untersuchtem Material. In Fig. 2 und 3 die Exine von der Intine unter der Einwirkung der Säure deutlich abgehoben.

Fig. 6. Ein nicht ganz reifes Pollenkorn in concentrirter Schwefelsäure. An den Austrittsstellen die Pollenhaut verquollen.

Fig. 7. Halb reifes Pollenkorn. Alcohol-Material in Chloralhydrat. In Folge ungleicher Quellung die Exine von der Intine stark abgehoben.

Fig. 8. Ein nicht ganz reifes Pollenkorn. Alcohol-Material in Chloralhydrat, in Folge ungleicher Quellung die Exine von der Intine abgehoben. Die Pollenhaut an den Austrittstellen bis auf eine dünne Innenschicht verquollen. An der unteren Falte das Bild oberhalb der Austrittsstelle entworfen.

Fig. 9. Theil eines annähernd reifen Kornes, Alcohol-Material in concentrirter Schwefelsäure. An der Austrittsstelle von der Pollenhaut nur eine dünne Innenschicht erhalten.

Fig. 10—15. Passiflora coerulea.
Die Fig. 13, 540 Mal, die übrigen 1000 Mal vergr.

Fig. 10. Theil eines jungen Pollenkorns bald nach der Befreiung aus der Specialmutterzelle mit beginnender Leistenbildung, in concentrirter Salpetersäure.

Fig. 11. Theil eines älteren Pollenkorns aus einer 18 mm hohen Blüthenknospe, mit weiter fortgeschrittener Ausbildung der Exine, in concentrirter Salpetersäure.

Fig. 12. Ein junges Pollenkorn im Beginn der Intine-Bildung. Alcohol-Material in Glycerin.

Fig. 13. Ein annähernd reifes Pollenkorn nach Weglösung der Exine durch Eau de Javelle. Die Austrittsbänder durch stärkere Lichtbrechung markirt.

Fig. 14. Theil der reifen Pollenhaut im optischen Durchschnitt, in Chloralhydratlösung.

Fig. 15. Theil der reifen Pollenhaut, einem Querschnitt entnommen, nach Jod- und Schwefelsäure-Behandlung.

Fig. 16. und 17. Weigelia amabilis.
Vergr. 1000.
Alcohol-Material in verdünntem, schwach mit Congoroth versetztem Glycerin untersucht.

Fig. 16. Tetrade nach Anlage der eigenen Häute um die jungen Pollenkörner.

12*

Fig. 17. Ein junges Pollenkorn nach Beginn der Stachelbildung an seiner Oberfläche.

Fig. 18—20. Riccia glauca.
Vergr. 1000 Mal.
Alcohol-Material in verdünntem, schwach mit Congoroth versetztem
Glycerin.

Fig. 18. Optischer Durchschnitt des Sporen-Saumes nach Anlage der Innenschicht der Exine. ie die Innenschicht
der Exine, ae die Aussenschicht nach aussen mit einer
dichteren Haut abgegrenzt, nach innen zu gallertartig.
Innerhalb der äusseren Haut der Aussenschicht die gequollene Papille.

Fig. 19a. Junge Spore mit angrenzenden Theilen der zer-
drückten Specialmutterzellwände. Rückenfläche im Querschnitt. ae Aussenschicht, ie Innenschicht der Exine,
i Intine.

Fig. 19b. Rückenfläche derselben Spore in Aufsicht.

Fig. 20. Partie der reifen Sporenhaut von der Rückenfläche.
im Querschnitt. Bezeichnung wie in Fig. 19.

Fig. 21—30. Sphaerocarpus terrestris.
Vergr. 1000 Mal.
Alcohol-Material zum Theil in verdünntem mit Congoroth versetztem
Glycerin, zum Theil in Choralhydrat-Jodglycerin, zum Theil in Wasser
untersucht.

Fig. 21. Theil einer Sporenmutterzelle nach Verdickung der
Wände, vor Anlage der tetradeneigenen Haut und vor
der Theilung. In Wasser. Optischer Durchschnitt.

Fig. 22. Theil einer Sporenmutterzelle gleich nach Anlage
der Aussenschicht der Exine. Vor der Theilung. In
verdünntem Glycerin zerdrückt. Optischer Durchschnitt.

Fig. 23. Etwas älterer Entwicklungszustand, noch vor der
Theilung. In Wasser.

Fig. 24. Annähernd derselbe Entwicklungszustand. In verdünntem Glycerin zerdrückt.

Fig. 25. Gleich nach der Theilung. In Wasser.

Fig. 26. Anlage der Innenschicht der Exine. In Choralhydrat-Jodglycerin.

Fig. 27. Nächst folgender Entwicklungszustand, zerdrückt
in Wasser. Innenschicht und Aussenschicht der Exine
von einander getrennt.

Fig. 28. Noch älterer Entwicklungszustand unter den nämlichen Bedingungen wie in vorhergender Figur.

Fig. 29. Faserige lamellöse Differenzirung der Innenschicht
und Fertigstellung der Aussenschicht der Exine zeigend.
In Chloralhydrat-Jodglycerin.

Fig. 30. Partie der Wand einer völlig reifen Spore an der
Ansatzstelle einer Scheidewand. ae Aussenschicht der
Exine. ai Innenschicht der Exine. i Intine. In Glycerin.

Fig. 31—37. Cobaea scandens.
Vergr. 1000.
Alcohol-Material.

Fig. 31. Theil einer Spezialmutterzelle mit Pollenkorn, gleich
nach erfolgter Bildung der eigenen Haut. In Glycerin.

Fig. 32. Etwas älteres Stadium, erster Anfang der Leistenbildung an der Pollenhaut. In Glycerin.

Fig. 33a. Theil eines Pollenkorns, nachdem in den Leisten
die Stäbchen aufgetreten sind. 33b. Diese Leisten
von oben bei Einstellung auf die Stäbchen. in dem einen
Felde eine Austrittstelle. In Glycerin.

Fig. 34. Ein etwas älteres Stadium als Fig. 33, in Chlorzinkjodlösung. Die Haut ein wenig gequollen. Die
anhaftenden körnigen Periplasmamassen, die in Fig. 33
weggelassen wurden, sind hier dargestellt.

Fig. 35. Aelteres Stadium. Die Leisten zeigen bereits be-

deutende Höhe und die Innenschicht der Exine hat eine
wesentlich grössere Dicke erlangt. Die anhaftenden
Periplasmaschichten sind nicht gezeichnet. In Glycerin.

Fig. 36. Theil an der Peripherie eines reifen Pollenkorns
im Querschnitt. In Jodglycerin.

Fig. 37. Oberflächenansicht eines reifen Pollenkorns bei Einstellung auf die Stäbchen und dann auf die Oberfläche
der Felder. In Jodglycerin.

Tafel IV.

Fig. 38—42. Lycopodium Chamaecyparissus.

Fig. 38, 540 Mal, die übrigen Figuren 1000 Mal vergr.

Alcohol-Material.

Fig. 38. Junge Tetrade in Wasser quellend, aus den ge-
sprengten äusseren Schichten der Sporenmutterzelle hervorgetreten.

Fig. 39. Tetrade des nämlichen Entwicklungszutandes, in
concentrirtem Glycerin.

Fig. 40. Tetrade während der Ausbildung der Exine, in
concentrirtem Glycerin.

Fig. 41. Spore an einer etwas älteren Tetrade durch Quellen
der Hüllen in Wasser isolirt.

Fig. 42. Medianer Querschnitt aus einer reifen Spore, in
Chlorzinkjodlösung.

Fig. 43—48. Equisetum palustre.

Vergr. 1000.

Alcohol-Material.

Fig. 43. Drei junge Sporen aus einer Tetrade, von dem
zwischen dieselben eingedrungenen Periplasma vollständig
umgeben. In Glycerin.

Fig. 44. Beginn der Bildung einer Gallerthülle aus dem Periplasma. In Glycerin.

Fig. 45. Eine junge Spore in der Gallerthülle gleich nach
Beginn der Bildung einer sporeneigenen Haut, der Exine.
In Glycerin.

Fig. 46. Theil einer jungen Spore und Gallerthülle, in deren
Peripherie Stärkekörnchen eingelagert sind. In Glycerin.

Fig. 47. Theil einer jungen Spore, von deren Exine die
Aussenschicht sich abzuheben beginnt. Um die Gallert-
blase hat die Bildung der Elateren begonnen, und eine
Trennung derselben vollzieht sich bereits in Folge der
Quellung in Chlorzinkjodlösung.

Fig. 48. Aeltere Sporen-Anlage in Chlorzinkjodlösung. Die
Aussenschicht der Exine stark abgehoben, die Bildung
der Elateren wesentlich fortgeschritten.

Fig. 49. Campanula rapunculoides.
Vergr. 1000.
Frisch in Wasser untersucht.

Fig. 49. Theil einer Tetrade mit einem herausgetretenen,
bereits mit eigener Haut umgebenen Pollenkorn.

Fig. 50. Lamium purpureum.
Vergr. 1000.
Frisch in Wasser untersucht.

Fig. 50. Tetrade mit geplatzten Zellen, aus welchen die
jungen Pollenkörner entweder vollständig hervortraten
(so aus den beiden unteren Specialmutterzellen), oder aus
welchen nur der plasmatische Inhalt hervorquoll, die
polleneigenen zusammenschrumpfenden Membranen zurücklassend (so in den beiden oberen Specialmutterzellen).

184

Fig. 51. Ceratozamia longifolia.
Vergr. 1000.

Fig. 51. Tetrade nach Beginn der Bildung der polleneigenen Häute Diese Tetrade. aus Alcohol - Material
stammend, war zunächst mit 1 % Essigsäure - Methylgrün behandelt worden und hierauf durch Zusatz verdünnter Schwefelsäure zur stärkeren Quellung gebracht.

Fig. 52. Pinus Laricio.
Vergr. 1000.

Fig. 52. Junges Pollenkorn nach Beginn der Flügelbildung,
aus Alcohol-Material in Glycerin-Gelatine.

Fig. 53—62. Oenothera biennis.
Vergr. 1000.

Fig. 53. Theil einer Tetrade, zuerst in Wasser untersucht,
hierauf mit verdünntem, durch Congoroth schwach gefärbten Glycerin behandelt und alsdann erst gezeichnet.

Fig. 52. Ein junges Pollenkorn bald nach seiner Befreiung
aus der Tetrade unter denselben Bedingungen, wie die
Tetrade der vorausgegangenen Figur untersucht und
gezeichnet.

Fig. 55 bis 57. Theile eines Pollenkorns mit Austrittspapille, in aufeinander folgenden Entwicklungsstadien,
welche die Bildung des Zwischenkörpers und die Verdickung der Exine zeigen. In Fig. 56 u. 57 sind die
Austrittspapillen geplatzt und haben die quellende Substanz des Zwischenkörpers entleert.

Fig. 58. Theil eines Pollenkorns mit Austrittspapille, das
Wachsthum der Exine zeigend. Nach Behandlung mit
Salpetersäure und Ammoniak.

Fig. 59. Anlage der Intine. Nach Behandlung mit Chlorzinkjodlösung.

— 185 —

Fig. 60. Vordringen des Plasmakörpers in die Austrittspapille. Nach Chlorzinkjodbehandlung.

Fig. 61. Der Zwischenkörper durch den vorgedrungenen Plasmakörper verdrängt. Nach Chlorzinkjodbehandlung.

Fig. 62. Theil der Wandung an der Papille, einem Querschnitt durch das Pollenkorn entnommen. Nach Chlorzinkjodbehandlung. ae Aussenschicht, — ie Innenschicht der Exine.

Fig. 63—69. Volvox Globator.
Vergr. 1000.
Die Bilder zum Theil nach frischem, zum Theil nach mit Alcohol fixirtem Material.

Fig. 63. Theil einer jungen Eispore, noch mit glatter Haut.

Fig. 64. Beginnende Ausbuchtung der Haut.

Fig. 65 bis 67. Fortschreitende Ausbuchtung der Haut.

Fig. 68. Fertiger Zustand nach Ausfüllung der Stacheln und Bildung der Intine.

Fig. 69. Eine zerdrückte Spore, die Intine getrennt von der Exine zeigend.

Fig. 70—72. Erica Tetralix.
Vergr. 1000.
In Wasser untersucht.

Fig. 70. Junge Tetrade gleich nach der Theilung, noch vor Beginn der Pollenhaut-Bildung.

Fig. 71. Nach vollzogener Pollenhaut-Bildung. Die äusseren Specialmutterzellwände werden aufgelöst.

Fig. 72. Theil einer reifen Tetrade, den Austrittsspalt zeigend, der über die Scheidewand läuft.

Fig. 73. Geranium striatum.
Vergr. 540.

Fig. 73. Austrittspapille eines jungen Pollenkorns auf demjenigem Entwicklungsstadium, in welchem die Einwan-

186

derung von Körnchen in die Substanz der Papille erfolgt. Wasser-Präparat nach Jod-Behandlung, in op-
tischem Durchschnitt.

Fig. 74. Cucurbita verrucosa.
Vergr. 1000.

Fig. 74. Theil eines jungen Pollenkorns noch innerhalb der
Tetrade, im Augenblick der Hautbildung. Die Haut
hat sich in Falten abgehoben, und ist noch deutlich
aus Körnchen aufgebaut. Alcohol-Präparat in Glycerin.

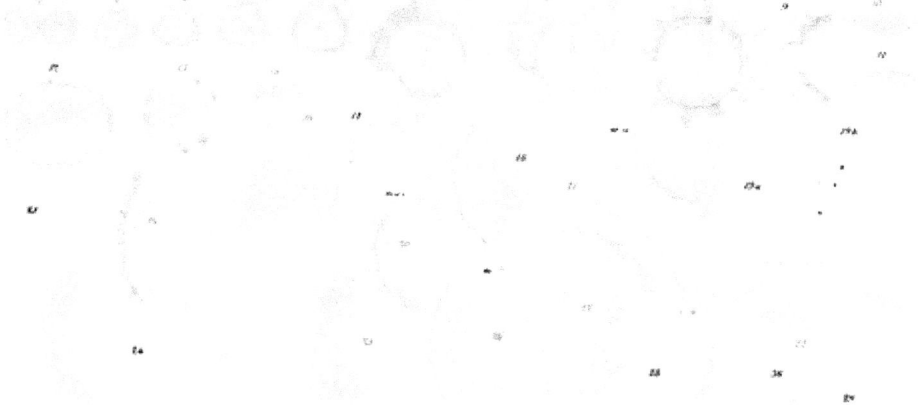

www.ingramcontent.com/pod-product-compliance
Lightning Source LLC
Chambersburg PA
CBHW021707210326
41599CB00013B/1562